CENTRAL 中部篇

景观植物配置与应用

深圳市海阅通文化传播有限公司　编著

中国林业出版社
China Forestry Publishing House

现在，雾霾、PM2.5、蓝天白云这些词无时无刻不贯穿在我们的日常生活中，人们的交谈话题越来越频繁地聚焦在环境保护和新鲜空气。在这样的大环境下，我们也越来越渴望回归自然，渴望在居住环境、办公环境以及娱乐环境中呼吸到新鲜的空气、感受到明媚的阳光。

景观设计旨在打造美好的生活环境，为忙碌的生活创造更多美与和谐的元素。随着人们生活水平的不断提高，对自然和生态的解读越来越透彻和深刻，植物景观在环境绿化中的作用也日益明显。用具有生命的植物来搭配、装点硬质景观已经成为了一种流行趋势，植物软景设计不仅能美化环境，而且还能吸收城市环境中的有毒气体，增加负氧离子，是城市绿化工程的重要环节。

植物景观设计是具有生命和活力的二次创造的过程。每个地区都具有自己地域特点的园林绿化树种，良好的植物景观设计需要设计师在考虑温度、水分、光照等条件后根据乔木、灌木、地被各个层次的需求选择和搭配植物。本系列丛书分为北方篇、中部篇和南方篇三本，按照中国地域进行划分，因为每个区域的经度不同、气温和水分也有差异，本书进行了简单的分类并介绍了各区域的常用乔木、灌木、地被等园林景观植物。全书以住宅区植物景观设计、市政公园植物景观设计和商业中心植物景观设计为板块，通过当下比较成熟的景观设计案例进行分析和介绍各个植物设计节点的乔灌草配置特点。

植物景观设计是一个精细且漫长的过程，完善、成熟的植物景观必定是经过了时间的考验，是由各个层次的植物在光阴中慢慢不断调整并逐渐融合生长的结果。本书旨在对当下流行的植物景观设计进行一个简单的分析和总结，力求为植物景观设计探索做出一定的努力。

CONTENTS 目录

CONTENTS 目录

中部常用园林植物参考用表

景观植物配置与应用之中部篇，这里概括的中部地区实际上是指秦岭淮河以南，北回归线以北的不包括西南等地区的局部长江流域地区，这里实际包括的省份城市有：湖南、湖北、江苏、上海等地。长江流域地区不同于其他地方。其湖泊众多，水资源丰富，物种资源也相当丰富。

这个区域的气候类型大都是亚热带季风气候，主要的气候特点表现在夏季高温多雨，冬季低温少雨，全年降水量较充沛，土壤肥沃，水源充足。为植物生长提供了良好的自然环境和资源。由于其气候的特点，这一区域的植物景观设计与配置在选择方面有了多种选择，在充分运用乡土树种的基础上，可以栽植适应性较强的能在本区域存活的植物种类，营造不一样的景观风格。利用丰富的河流湖泊资源，充分运用水生植物资源。

【常绿乔木】

序号	植物名称	科名	属名	植物习性	配置手法	色彩	观赏期
1	香樟	樟科	樟属	喜光，喜温暖湿润的气候，耐修剪，较耐水湿，稍耐阴，不耐寒。	常绿大乔木，树形高大，枝繁叶茂，冠大荫浓，是优良的行道树和庭院树。香樟树可栽植于道路两旁，也可以孤植于草坪中间作孤赏树。	绿色	全年
2	小叶榕	桑科	榕属	喜光，喜温暖多雨的气候，耐水湿，稍耐阴。	可用作行道树、园景树、绿篱树，也可修剪造型后用于公园和风景区内，可作盆景材料。	深绿色	全年
3	广玉兰	木兰科	木兰属	弱阳性树种，喜温暖湿润气候，不耐碱土，较耐寒。	适宜孤植、群植或丛植于路边和庭院中，可作园景树、行道树和庭荫树。	绿色 花大，色白	全年
4	秋枫	大戟科	秋枫属	喜阳、喜温暖气候，稍耐阴，较耐水湿。	适宜庭院树和行道树种植，也可以在草坪、湖畔等地栽植，景观效果较好。	绿色	全年
5	柚	芸香科	柑橘属	喜温暖潮湿气候。	可栽植于庭前屋后。	绿色 果实成熟时为黄色	全年
6	夹竹桃	夹竹桃科	夹竹桃属	喜光、喜温暖湿润气候，不耐寒，忌水渍。	红白颜色的夹竹桃可相间配植于道路两旁，花繁叶茂，色彩艳丽，景观效果极佳。因其叶片有毒，不易栽植于儿童游玩的区域。	绿色 盛花期有白色、红色花	全年
7	雪松	松科	雪松属	喜阳光充足的环境，喜温和凉爽的气候，稍耐阴。	雪松是世界著名的庭院观赏树种之一，树形高大挺拔优美，四季常青，适宜孤植于草坪中央，也可对植、列植于广场和主体建筑物旁。	绿色	全年
8	白皮松	松科	松属	喜光树种，喜温凉气候，喜肥沃深厚的土层，耐瘠薄和干冷，是中国特有树种。	白皮松是常绿针叶树种，老树树皮灰白色，其树干色彩和形态比较有特色，树形优美，是美化园林的优良树种之一。白皮松在园林绿化中的应用比较广泛，可以孤植于庭院或草坪中央，也可以对植于门前，丛植片植成林，或者列植于城市道路两旁作为行道树种也是不错的选择。	绿色	全年
9	罗汉松	罗汉松科	罗汉松属	喜温暖湿润气候，耐寒性弱，耐阴，对土壤适应性强。	树形优美，是孤赏树、庭院树的好的选择，可在门前对植，或者孤植于中庭，也可与假山、湖石搭配种植，同时也是优良的盆栽材料。	绿色	全年
10	石楠	蔷薇科	石楠属	喜光，喜温暖湿润的气候，喜肥沃湿润的砂质土，耐阴，不耐寒。	常绿乔木，树冠常为圆形，终年常绿，枝繁叶茂，叶片翠绿有光泽，初夏时节开白色小花，秋后红果满枝，色彩鲜艳，常被用作庭荫树或绿篱树种栽植在庭院中。	叶绿色 嫩叶红色，冬果红色	全年
11	女贞	木犀科	女贞属	喜光，喜温暖湿润气候，耐寒，耐阴，耐水湿。	女贞四季常青，枝繁叶茂，可孤植、丛植于庭院，也可做行道树栽植于道路两旁。	绿色	全年
12	杜英	杜英科	杜英属	喜温暖湿润气候，喜酸性黄壤土。	常年有红叶观赏，红叶、绿叶相间，色彩艳丽，适宜栽植于草坪、坡地、庭院和道路旁。	绿色 红色	全年

序号	植物名称	科名	属名	植物习性	配置手法	色彩	观赏期
13	枇杷	蔷薇科	枇杷属	喜光，喜温暖气候，稍耐阴，稍耐寒，不耐严寒。	可栽植于庭前屋后。	绿色	全年
14	五针松	松科	松属	喜光，喜温暖湿润的环境，不耐积水。	五针松植株较低矮，树形优美、古朴，姿态有韵味，是制作盆栽景观的良好材料。	绿色	全年
15	龙柏	柏科	圆柏属	喜阳，喜温暖湿润的环境，稍耐阴，耐干旱，忌积水。	可孤植、列植或群植于庭院，由于其耐修剪，可经整形修剪成圆球形、半球形等各式形状后栽植。	绿色	全年
16	苏铁	苏铁科	苏铁属	喜光，喜温暖湿润的气候，不耐寒。	多栽植于庭前或草坪内，四季常青。	绿色	全年
17	竹柏	罗汉松科	罗汉松属	耐阴树种，喜温暖环境，稍耐寒，不耐湿，不耐旱。	可用作景观树和行道树。	绿色	全年
18	南洋杉	南洋杉科	南洋杉属	不耐寒。	可孤植或列植于公园及风景区。	绿色	全年
19	橡皮树	桑科	榕属	喜光，喜高温湿润的气候，耐阴，不耐寒，不耐干旱瘠薄。	常绿大乔木，也被称为印度榕，树形雄伟壮观，叶片厚重，是较好的园林绿化树种，亦有金边品种，可以孤植、列植于公园，也可作蔽荫树。	顶芽红色、 叶绿色	全年
20	红花羊蹄甲	豆科	羊蹄甲属	喜光，喜温暖湿润的气候，喜肥沃、疏松的土壤。	常绿大乔木，花于叶前开放，花大且色彩艳丽，常与常绿植物配植，叶片心形，较为独特，四季开花，花期较长，是很好的观花、观叶植物。	叶绿色 花红色	全年
21	海枣	棕榈科	刺葵属	喜光，喜高温湿润的气候，耐寒，耐半阴，耐盐碱和瘠薄。	又被称为“枣椰”，是棕榈植物中的四大作物之一，常栽植于公园或庭院内。	绿色	全年
22	蒲葵	棕榈科	蒲葵属	喜光，喜温暖湿润的气候，耐干旱和瘠薄，耐盐碱，稍耐阴，稍耐寒。	常绿大乔木，单秆直立挺拔，树冠形状似伞，四季常绿，是营造热带风情效果的重要植物。叶片可制作蒲扇。可栽植于公园、景区、道路两旁。也可与其他棕榈科植物，如海枣、针葵、红铁树和鱼尾葵等搭配栽植。	绿色	全年
23	棕榈	棕榈科	棕榈属	喜光，喜温暖湿润的气候，级耐寒，耐干旱，耐水湿。	棕榈是棕榈科植物中最耐寒的种类，四季常绿。	绿色	全年
24	油松	松科	松属	阳性树种，喜光，喜排水良好的深厚土层，耐寒，抗风，抗瘠薄，是中国特有树种。	油松为常绿针叶树种，树形挺拔高大，适宜栽植在道路两旁作为行道树种。	绿色	全年
25	侧柏	柏科	侧柏属	喜光，对环境的适应能力强，对土壤的要求不高，较耐阴，耐干旱瘠薄，耐高温，稍耐寒。	侧柏为常绿树种，也是北京市的市树，寿命长，常有百年侧柏古树，观赏及文化价值较高。侧柏在中式造园中有着重要的作用和地位。可栽植于凉亭旁，假山后，大门两侧，花坛和墙边。配植于草坪、林下和山石间可以增加景观绿化的层次，颇具美感。	绿色	全年
26	红千层	桃金娘科	红千层属	中性树种，日照充足时生长更茂盛，耐热、耐旱、耐阴，大树不易移植。	可用作行道树栽植于路旁，也可作为观赏树栽植于小区和公园内。搭配点灌木，效果更佳。	绿色 花盛开时为绯红色	全年 花期 5 ~ 9 月
27	桂花	木犀科	木犀属	喜光，喜温暖湿润气候，耐高温，耐干旱，较耐寒，较耐阴，忌积水。	终年常绿，是行道树的好的选择。秋季开花，可营造观花闻香的景观意境，常被用作园景树，可孤植、对植、丛植于庭院和景区。	绿色 秋季开白色、黄色或红色小花	全年
28	四季桂	木犀科	木犀属	喜光，喜温暖湿润气候，耐高温，耐干旱，较耐寒，较耐阴，忌积水。	终年常绿，是桂花的变种，四季开花，是行道树的好的选择。可营造观花闻香的景观意境，常被用作园景树，可孤植、对植、丛植于庭院和景区。	绿色 花白色、黄色	全年
29	含笑	木兰科	含笑属	喜温暖湿润气候，炎热时需半阴环境，不耐曝晒，不耐干旱瘠薄。	香味较浓烈，适宜栽植于大空间，可丛植于花园、公园，也可配植于草坪和坡地。有小乔木状态，但多为灌木形式。	绿色	全年

【落叶乔木】

序号	植物名称	科名	属名	植物习性	配置手法	色彩	观赏期
30	银杏	银杏科	银杏属	阳性树种，喜光，较耐干旱，不耐积水。	树形独特，叶形独特，秋叶金黄，是很好的庭院树和行道树。可孤植、列植、片植或群植于庭院、景区和公园内。与桂花树一同栽植，可营造秋季观色闻香的景观意境。	绿色 秋叶金黄	3 ~ 11月
31	鹅掌楸	木兰科	鹅掌楸属	喜光，喜温暖湿润的气候，耐半阴，较耐寒，喜深厚肥沃土壤。	秋季叶色金黄，且叶形美丽，花大美丽，可作行道树或栽植于庭院作观赏树。	绿色 秋叶金黄	5 ~ 10月
32	重阳木	大戟科	秋枫属	喜光，喜温暖湿润的气候，耐阴，耐干旱瘠薄，耐水湿，较耐寒。	重阳木树形优美，冠大荫浓，花叶同开，秋叶红艳，是优良的行道树种和庭院观赏树种。可栽植于湖边溪畔，也可孤植于草坪中点缀景观。	叶绿色 秋叶红色	10 ~ 11月
33	白蜡	木犀科	白蜡属	喜光，喜深厚肥沃的土层，耐水湿。	白蜡树树干笔直，树形优美，枝叶繁密，生长期时叶片浓绿，进入秋季，叶色转黄，是比较优良的庭院树种行道树种，可与常绿树种一同配植于庭院和公园，也可列植于道路两旁。	绿色 秋叶橙黄	3 ~ 10月
34	三球悬铃木	悬铃木科	悬铃木属	喜光，喜温暖湿润气候，喜排水良好的土层，较耐寒。	三球悬铃木又称为法桐，树形优美，树干高大，枝繁叶茂且耐修剪，是优良的行道树种和庭荫树种。可栽植于城市道路两旁作行道树，也可孤植于草坪或空旷地带。	绿色 秋叶黄色	全年
35	美国红枫	槭树科	漆属	耐寒、耐干旱、耐湿，在高海拔或者昼夜温差偏大的地区，秋叶变色颜色更为艳丽。	美国红枫树形高大，叶片形状奇特，且秋季叶色转红，成片栽植景观效果极佳。	秋叶红色	10月
36	千头椿	苦木科	臭椿属	喜光、耐寒、耐干旱和瘠薄，春季生长速度快，夏秋季节生长速度慢。	千头椿是臭椿的变种，伞状树形，树干通直高大，树冠伞状紧凑，叶片宽大荫浓，是良好的行道树种和庭园绿化树种。	绿色	4 ~ 10月
37	红叶李	蔷薇科	李属	喜光，喜温暖湿润气候，较耐水湿，不耐干旱。	适宜搭配常绿乔木和灌木栽植，可以形成色差对比。也可栽植于建筑物前或者草坪、墙角等地。	叶紫红色	4 ~ 10月
38	白桦	桦木科	桦木属	喜光，喜酸性土壤，耐严寒，耐瘠薄，适应性强。	白桦树形优美，树干笔直修长，树皮洁白美丽，可孤植、丛植于庭院内、公园中，也可片植、群植营造白桦林景观。	叶绿色 树干白色	全年
39	三角枫	槭树科	槭属	喜光，喜温暖湿润的气候，耐修剪，较耐寒，较耐水湿，较耐阴。	三角枫枝繁叶茂，冠大荫浓，叶形俏丽，秋叶红艳，可孤植、丛植于草坪和庭院中，是优良的景观树种。	叶绿色 秋叶暗红色	10 ~ 11月
40	五角枫	槭树科	槭属	喜肥沃湿润的土壤，稍耐阴。	五角枫又名色木槭，叶形秀丽，嫩叶红色，秋叶红艳，是优良的色叶树种。可孤植、丛植于庭院内，也可做行道树栽植于道路两旁。	嫩叶红色 秋叶红色	10 ~ 11月
41	鸡爪槭	槭树科	槭属	喜光，喜温暖湿润的气候，喜通风阴凉的环境，较耐阴，具有一定的抗寒能力。	鸡爪槭是有名的秋色叶树种，叶形美丽，秋叶红艳，栽植于高大树木下，景观效果极佳。	秋叶红艳	10月
42	元宝枫	漆树科	漆树属	喜光，喜凉爽湿润的气候，耐寒，耐半阴，不耐炎热和强光曝晒。	元宝枫是有名的秋色叶树种，树形优美，叶形秀丽，秋叶红艳，与常绿乔木搭配栽植，景观效果极佳。	秋叶红艳	10月
43	黄栌	漆树科	黄栌属	喜光，喜深厚肥沃的土层，耐寒，耐干旱瘠薄和碱性土壤，不耐水湿。	黄栌又名红叶，著名的北京香山红叶即是黄栌，是我国有名的观叶植物。黄栌叶色秋季转红，红艳如火，如成片栽植，能够营造骄阳似乎的景观效果，也可与其他常绿乔木搭配栽植，混迹于常绿树群之中，红与绿的鲜明对比，别有一番意境。	秋叶火红	10 ~ 11月
44	馒头柳	杨柳科	杨属	喜光，耐严寒，耐干旱，具有较强的抗风能力，生长速度较快。	馒头柳是旱柳的变种，垂枝柔软，树冠呈饱满馒头状，是我国北方地区较常使用的行道树种和庭园绿化树种。	绿色	3 ~ 10月

序号	植物名称	科名	属名	植物习性	配置手法	色彩	观赏期
45	垂柳	杨柳科	柳属	喜光，喜温暖湿润气候，耐水湿，较耐寒。	可作行道树，可与碧桃相间配植于湖边、池畔，营造桃红柳绿的景观意境。	绿色	3 ~ 10月
46	金丝垂柳	杨柳科	柳属	喜光，喜温暖湿润的气候，喜肥沃深厚的土壤，喜水湿，耐干旱，较耐寒。	金丝垂柳垂枝飘逸，树形优美，夏季枝条茂盛，青翠夺目，冬季时枝条变成金黄色，满树金黄，耀眼夺目，是优良的庭院和绿化树种。金丝垂柳区别于一般垂柳的优点是生长季不飞柳絮且观赏期长。适宜栽植于水岸池边，也可孤植于草地上，观赏价值高，景观效果佳。	叶绿色 冬季枝条金黄色	3 ~ 11月
47	龙爪槐	豆科	槐属	喜光，喜肥沃深厚的土层，稍耐阴。	树形优美，树冠奇特，花芳香，是优良的行道树中和庭院绿化树种。	叶绿色	全年
48	白玉兰	木兰科	木兰属	喜光，喜肥沃且排水良好的土壤，较耐寒，不耐水湿。	白玉兰花大色白，花先于叶开放，盛花期时，满树白花，甚为壮观。是观赏价值很高的庭院绿化树种。	花白色	3月
49	紫玉兰	木兰科	木兰属	喜光，喜温暖湿润气候。	花先叶开放，花色淡雅，花香清幽，树形秀丽，枝繁叶茂。较常用于公园、绿地和小区。可孤植、丛植和片植。不易移植和养护。	花色淡紫色	3月
50	木棉	木棉科	木棉属	喜光，喜温暖气候，耐干旱，稍耐湿，不耐寒，忌积水。	盛花期时叶片几乎落尽，满树红花，甚是壮观。可孤植或列植于道路、庭院和公园内景观效果极佳。	花大色红	5 ~ 7月
51	石榴	石榴科	石榴属	喜光，喜温暖向阳的环境，耐寒，耐干旱和瘠薄，不耐阴。	石榴树形优美，枝叶繁茂，盛花期时花开满枝，颜色鲜艳，秋季挂果，果实红艳。可孤植或对植与门旁、小径边。	叶绿色 花果红色	3 ~ 10月
52	美人梅	蔷薇科	李属	喜光，喜阳光充足、通风的环境。	美人梅是树形秀丽，花色娇艳，花先于叶开放，盛花期时繁花似锦。是优良的园林观赏树种。	叶绿色 花紫红色	3 ~ 4月
53	红叶碧桃	蔷薇科	李属	喜光，喜温暖气候，喜肥沃深厚且排水良好的土壤，不耐水湿。	红叶碧桃叶色为紫红色，是碧桃的变种，花先于叶开放，花叶均美丽清秀，常与西府海棠、紫叶李等配植于庭院，是优良的园林绿化树种。	叶紫红色 花红色	3月
54	垂丝海棠	蔷薇科	苹果属	喜光，喜温暖湿润的气候，不耐寒，不耐阴，不耐水涝。	垂丝海棠是观花观果的优良景观树种。其花色艳丽，花姿卓越，盛花期时，满树红艳，如彩云密布，甚是美丽。海棠类树种园林绿化中使用较多，其树形优美，花色艳丽，可以常绿树种为背景，与较低矮的花灌木搭配栽植。	叶绿色 花粉红色	4月
55	栾树	无患子科	栾树属	喜光，耐干旱和瘠薄，稍耐半阴，耐寒，不耐水淹。	栾树夏季满树黄花，秋叶色黄，果实形如灯笼，紫红色，是较好的观赏树。也可用于行道树栽植于道路两旁。	绿色 花黄色	5 ~ 10月
56	刺桐	豆科	刺桐属	喜温暖湿润、光照充足的气候，耐干旱，耐水湿，不太耐寒。	适宜孤植于草地或构筑物附近。	花红色	5
57	国槐	豆科	槐树	喜光，稍耐阴，耐干旱，耐瘠薄，对土壤要求不高。	国槐枝叶茂盛，树形威武挺拔，在北方地区常用作行道树种和景观项目的框架树种，也可栽植于公园草坪和空旷地带，孤植、列植和丛植效果均不错。	绿色 花黄色	3 ~ 8月
58	樱花	蔷薇科	樱属	喜光，喜温暖湿润的气候，喜肥沃且排水良好的土壤，耐寒，耐干旱，不耐盐碱，根系较浅，抗风能力弱，不适宜栽植于沿海地带。	樱花是早春重要的观花树种。可群植、片植于公园、庭院。盛花时节，樱花烂漫，随风摇曳，恰如花雨。大片栽植可以营造“花海”景观。樱花景观比较有名的有武汉大学的樱花大道，除了有浓厚的人文氛围，在早春时节，也会因为其美丽的樱花大道而招来络绎不绝的游客。	花粉红 白色	4月
59	蜡梅	蜡梅科	蜡梅属	喜光，耐阴，耐寒，耐干旱，耐修剪，较耐寒，不耐渍水。	蜡梅盛开于寒冬，花先于叶开放，花香馥郁，花色鹅黄，是冬季为数不多的观花植物。蜡梅不仅花朵秀丽，花香馥郁，更有斗寒傲霜的美好寓意和品格，是文人雅士偏爱的园林植物。可成片栽植于庭院中，赏其形，闻其味；也可作为主体建筑物的背景单独配植。	花淡黄色	11至翌年3月

序号	植物名称	科名	属名	植物习性	配置手法	色彩	观赏期
60	紫薇	千屈菜科	紫薇属	喜光，喜温暖湿润的气候，耐干旱，抗寒。	可栽植于花坛，建筑物前、院落内，池畔等地。同时也是做盆景的好材料，可孤植、片植、丛植和群植。	花白色和粉红	6～9月
61	合欢	豆科	合欢属	喜光，喜温暖且阳光充足的气候，耐寒、耐旱，耐瘠薄。	合欢树树形较高大，叶片羽状，秀丽翠绿，粉色头状花序酷似绒球，美丽可爱，是优良的园林观赏植物，也可栽植人行道两旁或车行道分隔带内，夏季绒花盛开，景观效果极佳。	叶绿色 花粉色	6～8月
62	海棠	蔷薇科	苹果属	喜光，喜温暖湿润的气候，不耐寒，不耐阴，不耐水涝。	观花观果的优良景观树种。其花色艳丽，花姿卓越，盛花期时，满树红艳，如彩云密布，甚是美丽。海棠类树种园林绿化中使用较多，其树形优美，花色艳丽，可以常绿树种为背景，与较低矮的花灌木搭配栽植。	叶绿色 花粉红色	4月
63	紫荆	豆科	紫荆属	喜光，喜肥沃且排水良好的土壤，耐寒，耐修剪，不耐水湿。	紫荆枝条扶疏，花先于叶开放，盛花期时，满树姹紫嫣红，花朵小却繁密，贴梗而生，美丽非凡。紫荆可孤植于建筑物两旁，也可栽植于花坛中。	叶绿色 花紫红	3～4月
64	黄槐	豆科	决明属	喜光，要求深厚、排水性好的土壤。	可栽植于庭院和小区，也可作为行道树栽植。	花色金黄	3～12月
65	木芙蓉	锦葵科	木槿属	喜温暖湿润且阳光充足的环境，稍耐半阴。	由于其花大色艳，是较好的观花树种。因为光照的不同，花色也会有粉至白，有所变化，可孤植、丛植与墙边、路旁和水岸。	花粉色、白色	9～11月

银杏 红叶李 五角枫 鸡爪槭

白玉兰 红叶碧桃 樱花 木芙蓉

【花灌木】

序号	植物名称	科名	属名	植物习性	配置手法	色彩	观赏期
66	八角金盘	五加科	八角金盘属	喜温暖湿润的气候，耐阴，稍耐寒，不耐干旱。	南天星科草本植物，叶掌状，耐阴蔽，是良好的地被植物。	绿色	全年
67	鹅掌柴	五加科	鹅掌柴属	喜温暖湿润的气候，喜半阴的生长环境，忌干旱。	是较常见的盆栽植物，也可栽植于林下，营造不同层次的园林景观。	绿色	全年
68	龟甲冬青	冬青科	冬青属	喜温暖湿润的气候，喜阳光充足的环境，耐半阴，较耐寒。	龟甲冬青常成片栽植与红花檵木、金叶女贞等植物运用于彩块做基础种植。也可做地被和绿篱使用。	绿色	全年
69	变叶木	大戟科	变叶木属	喜高温湿润的气候，喜阳光充足的环境，不耐寒。	革质叶片色彩鲜艳、光亮，常被用作盆栽材料，是优良的观叶树种。可栽植于公园、绿地等地。	叶色鲜艳斑驳，黄色、红色、绿色交替	全年
70	海桐	海桐科	海桐花属	喜半阴，喜肥沃湿润的土壤，耐寒，耐炎热，较耐修剪，耐干旱。	海桐株形整齐，四季常青，花小但具芳香，是园林运用中常见的观叶观果植物。适宜栽植于庭院和建筑物两旁，可修剪成型作绿篱。	绿色	全年
71	冬青卫矛	卫矛科	卫矛属	喜光，喜肥沃且排水良好的土壤，较耐寒，稍耐阴。	冬青卫矛又被称为大叶黄杨，是一种温带及亚热带常绿灌木或小乔木，因为极耐修剪，常被用作绿篱或修剪成各种形状，较适合于规则式场景的植物造景。	绿色	全年
72	小叶黄杨	黄杨科	黄杨属	喜光，喜湿润肥沃的土壤，耐寒，耐盐碱。	黄杨科常绿灌木或小乔木，生长缓慢，树姿优美，叶对生，革质，椭圆或倒卵形，表面亮绿，背面黄绿。花黄绿色，簇生叶腋或枝端，花期 4 ~ 5 月，尤适修剪造型。	绿色	全年
73	金边黄杨	卫矛科	卫矛属	喜光，喜温暖的气候，耐寒，耐干旱，耐瘠薄和修剪，稍耐阴。	金边黄杨为大叶黄杨的变种之一，常绿灌木或小乔木，适宜与红花檵木、南天竹等观叶植物搭配栽植。	叶缘金黄色，叶片绿色	全年
74	六月雪	茜草科	六月雪属	喜较荫蔽环境，耐干旱，稍耐寒。	六月雪花如其名，于六月左右开白色小花，似雪花一般。枝叶繁茂，是优良的观花观叶植物。	绿色 小花洁白	5 ~ 6 月
75	红花檵木	金缕梅科	檵木属	常绿灌木，喜光，喜温暖气候，耐旱，耐寒，稍耐阴，耐修剪，耐瘠薄。	红花檵木由于其花色叶色艳丽以及耐修剪的特点，在城市及园林绿化中有着重要的地位。常与金叶女贞和雀舌黄杨等植物搭配栽植，修剪成红绿色带装饰道路景观，也可丛植、群植于公园或小区，也可修剪成造型各异的灌木球，景观效果佳。	花紫红色，新叶鲜红色	全年
76	红瑞木	山茱萸科	梾木属	喜光，喜温暖潮湿的环境，喜肥沃且排水良好的土壤。	红瑞木秋叶红艳，小果洁白，叶落后枝干鲜红似火，十分艳丽夺目，是园林中少有的观茎植物。可丛植于庭院或草坪上于常绿乔木相间种植，红绿相映成辉。	枝干鲜红 秋叶鲜红	8 ~ 12 月
77	洒金珊瑚	山茱萸科	桃叶珊瑚属	喜较荫蔽的环境，喜温暖湿润的气候，耐修剪，不太耐寒。	洒金珊瑚叶片较大，色彩艳丽，叶片上有斑驳的金色，枝繁叶茂，因其耐阴的特点，适宜栽植于疏林下，阴湿地较常栽植。	绿色	全年
78	法国冬青	忍冬科	荚迷属	喜光，耐阴，不耐寒。	又名珊瑚树，优良的常绿灌木，耐修剪，抗性强，常用作绿篱。	绿色	全年
79	金叶女贞	木犀科	女贞属	喜光，喜疏松肥沃的砂质土，较耐寒，不耐阴。	叶色金黄，具有较高的绿化和观赏价值。常与红花檵木配植做成不同颜色的色带，常用于园林绿化和道路绿化中。	叶金黄	全年
80	小叶棕竹	棕榈科	棕竹属	喜光，喜温暖湿润的气候，喜通风半阴的环境，耐阴，稍耐寒，不耐烈日曝晒，不耐水湿。	小叶棕竹是棕竹的品种之一，丛生常绿小乔木和灌木，是热带、亚热带较常见的常绿观叶植物。茎杆直立且纤细优雅，叶片掌状而颇具特色。	绿色	全年

序号	植物名称	科名	属名	植物习性	配置手法	色彩	观赏期
81	紫叶小檗	小檗科	小檗属	喜光，耐寒，耐修剪，耐半阴。	紫叶小檗也称为红叶小檗，枝条丛生，幼枝紫红色，老枝紫褐色，叶片紫红，是优良的观叶植物。紫叶小檗因其耐修剪的特点，常用来和其他常绿植物一同搭配做色块组合布置花坛或花镜。	叶紫红色	3 ~ 10月
82	紫丁香	木犀科	丁香属	喜光，喜温暖湿润的气候，喜肥沃且排水性好的土壤，有一定的耐寒和耐干旱瘠薄能力，稍耐阴。	紫丁香春季开花，花色紫色或蓝色，花大且芳香，是比较有名的庭院花灌木。株形丰满，枝叶茂密，适宜栽植于庭院一角或建筑物窗前。	叶绿色 花淡紫色、紫色或蓝色	4 ~ 5月
83	酒瓶兰	龙舌兰科	酒瓶兰属	喜温暖湿润的气候，耐寒，稍耐旱。	酒瓶兰造型奇特，茎于叶都具有较高的观赏价值，是优良的观茎观叶植物，较常见作为盆栽材料放于室内进行装饰和点缀。	叶绿色	全年
84	南天竹	小檗科	南天竹属	喜温暖湿润的气候，耐水湿和干旱，稍耐阴，较耐寒。	常绿木本小灌木。南天竹叶片互生，到秋季时叶片转红，并伴有红果，株形秀丽优雅，不经人工修剪的南天竹有自然飘逸的姿态，适合栽植在假山旁、林下，是优良的景观造景植物。	绿色 秋叶红艳	9 ~ 10月
85	八仙花	虎耳草科	八仙花属	喜温暖湿润的气候，喜半阴的环境。	八仙花株形丰满，花朵大而美丽，花色多变，初开时为白色，渐而转为蓝色及粉色，花色或洁白或艳丽。可成片栽植于草坪或林缘，繁花似锦，美丽非凡。	花白色、蓝色、淡粉色	6 ~ 8月
86	龙舌兰	龙舌兰科	龙舌兰属	喜光，喜光照充足且通风干燥的环境，稍耐寒，不耐阴。	多年生常绿草本植物，叶片坚挺，四季常绿，与棕榈科植物搭配栽植，具有浓郁的热带风情。	绿色	全年
87	三角梅	紫茉莉科	叶子花属	常绿攀援状灌木，喜光，喜温暖湿润的气候，不耐寒。	三角梅颜色亮丽，苞片大，花期长，是庭院绿化设计时的优良材料。可栽植于院内，由于其攀援特性，垂挂于红砖墙头，别有一番风味。可用作盆景、绿篱和特定造型，也可借助花架、拱门或者高墙供其攀援，营造立体造型。	花的苞片紫红色	3 ~ 10月
88	千头柏	柏科	侧柏属	喜光，不耐阴，对环境的适应性强。	千头柏四季常青，树冠紧密，常被用作绿篱栽植。	绿色	全年
89	木绣球	忍冬科	荚迷属	喜阴湿，喜肥沃湿润的土壤，不耐寒。	木绣球花初开时为淡绿色，后变白色，花形如其名，似绣球一般，盛花期时，似朵朵雪球挂于枝上，且具芳香。	花白色	4 ~ 5月
90	山茶	山茶科	山茶属	喜光，喜阳光充足背风的环境，喜疏松肥沃的砂质土。	又名山茶花，常绿灌木和小乔木，花姿丰盈，端庄高雅，为中国传统十大名花之一，也是世界名花之一。花色多样，花期因品种不一而不同，从十月至翌年四月间都有花开放。	花红色、紫色等	10月至翌年5月
91	茶梅	山茶科	山茶属	喜阴湿的环境，需要一定的光照但强阳光直射时会受到灼伤，较耐寒。	常绿花灌木，花多美丽，常用于林边，墙角作为精致配植，也可作为花篱及绿篱。	花白色 红色	10月至翌年4月
92	龙船花	茜草科	龙船花属	常绿灌木，喜光，喜温暖湿润的气候，较耐旱，稍耐半阴，不耐寒和水湿。	龙船花花色丰富，花叶秀美具有较高的观赏价值，常高低错落栽植于庭院、风景区、住宅小区内。	花红色、白色、黄色等	3 ~ 12月
93	毛杜鹃	杜鹃花科	杜鹃花属	半常绿灌木，喜温暖湿润气候，耐阴，不耐阳光曝晒。	花色艳丽，花期花朵丰富，栽植于林下，作景观花丛色带等，也可与其他植物搭配栽植或制作模纹花坛。也可栽植于假山旁、凉亭前等地，营造中式园林风格。	花桃红色	4 ~ 7月
94	木槿	锦葵科	木槿属	喜光，喜温暖湿润的气候，较耐寒，稍耐阴，好水湿，耐干旱，耐修剪。	可孤植、丛植于公园、草坪等地，也可作花篱式绿篱进行栽植。一些城市也会在车行道两旁栽植成片，开花时，风景甚美。	花淡紫色	7 ~ 10月
95	大花栀子	茜草科	栀子属	常绿灌木，喜光，喜温暖湿润的气候，适宜阳光充足且通风良好的环境。	大花栀子，花色纯白，花香宜人，是良好的庭院装饰材料，可以丛植于墙角，或修剪为高低一致的灌木带与红花檵木、石楠等植物一同配植于公园、景区、道路绿化区域等地。	花白色	5 ~ 7月

序号	植物名称	科名	属名	植物习性	配置手法	色彩	观赏期
96	米兰	楝科	米仔兰属	喜光，喜温暖湿润的气候，喜疏松肥沃的土壤，稍耐阴，不耐寒。	常绿灌木或小乔木，开米白色小花，花具芬芳，叶形秀丽锦簇，是优良的庭院绿篱植物。	叶绿色	全年
97	洋杜鹃	杜鹃花科	杜鹃花属	喜温暖湿润的气候。	矮小灌木，花色鲜艳，花朵大而醒目，适宜栽植于疏林下做地被材料。	花红色、橙色、白色的等	全年
98	红千层	桃金娘科	红千层属	中性树种，日照充足时生长更茂盛，耐热、耐旱、耐阴，大树不易移植。	可用作行道树栽植于路旁，也可作为观赏树栽植于小区和公园内。搭配点灌木，效果更佳。	绿色 花盛开时为绯红色	全年 花期 5 ~ 9 月
99	茉莉花	木犀科	素馨属	直立或攀援灌木，喜光，喜温暖湿润的气候，喜通风良好、半阴的环境。	花色洁白，花香浓郁，可孤植、丛植于公园、草坪等地，现常用于家居室内装饰，可装点客厅与阳台。	花白色	5 ~ 8 月
100	扶桑	锦葵科	木槿属	强阳性，喜光，喜温暖湿润的气候，适宜在阳光充足且通风的环境，耐湿，稍耐阴，不耐寒。	扶桑花大且艳丽，观赏价值高，朝开夕落，可栽植于湖畔、池边、凉亭前。	红色	全年，夏季最盛
101	大花月季	蔷薇科	蔷薇属	喜光，喜阳光充足、通风的环境。	茎秆直立，花朵大而色彩艳丽，是现代庭院绿化的主要花卉，可以栽植于小区园路两旁，点缀园路，也可栽植于花坛、花境中。	花红色、粉色等	5 ~ 11 月
102	紫叶矮樱	蔷薇科	李属	喜光，喜深厚肥沃的土层，耐寒，耐阴。	紫叶矮樱是紫叶李和矮樱的杂交种，具有两种的特点和优点。叶片亮丽，四季均为紫红色，是观叶观花的园林绿化树种。可以作为彩篱栽植，也可以与其他彩色叶树种搭配栽植营造鲜明色块的景观效果。	叶紫红色 花粉红	4 ~ 10 月
103	丰花月季	蔷薇科	蔷薇属	喜光，喜温暖的气候，稍耐寒。	观花灌木，阳性，耐寒， 花色丰富，花期长，管理粗放，可丛植、片植、行植。	花红色、粉色等	5 ~ 11 月
104	玫瑰	蔷薇科	蔷薇属	喜光，喜阳光充足且通风良好的环境，喜疏松肥沃的土壤，耐寒，耐干旱，不耐水湿。	可作为花篱，同时也是道路、庭院绿化的优良花卉。可点缀草坪、花坛，也适宜成片成丛栽植。	花红色、白色等	5 ~ 11 月
105	迎春	木犀科	素馨属	喜光，喜温暖湿润的气候，喜疏松肥沃且排水良好的土层，稍耐阴。	迎春花花如其名，每当春季来临，迎春花即从寒冬中苏醒，花先于叶开放，花色金黄，垂枝柔软。迎春花花色秀丽，枝条柔软，适宜栽植于城市道路两旁，也可配植于湖边、溪畔、草坪和林缘等地。	花金黄	3 ~ 4 月
106	棣棠	蔷薇科	棣棠花属	喜温暖湿润的气候，喜通风半阴的环境，不耐寒。	棣棠枝叶秀丽，花色金黄，盛花期时，花开满枝。可栽植于庭院墙角或建筑物旁。也可配植于疏林草地。颇为雅致美丽。	花黄色	4 ~ 6 月

变叶木

紫丁香

南天竹

棣棠

【草坪及地被植物】

序号	植物名称	科名	属名	植物习性	配置手法	色彩	观赏期
107	沿阶草	百合科	沿阶草属	多年生常绿草本植物，喜温暖湿润的气候，喜半阴。	总状花序淡紫色或白色。四季常绿，通常成片栽植于林下或水边作地被植物，也可栽植用来点缀山石、假山等。	绿色	全年
108	葱兰	石蒜科	葱莲属	多年生常绿草本植物，喜温暖湿润的气候，喜阳光充足的环境，不太耐寒。	葱兰，也被称为风雨花，植株挺立，带状栽植郁郁葱葱，因其叶片四季常绿，可成片带状栽植于花坛边缘和草坪边缘，较常使用于路边小径的地面绿化，是良好的地被植物。	叶浓绿 花洁白	全年
109	百合	百合科	百合属	多年生草本植物，喜凉爽湿润的半阴环境，耐寒，不耐炎热。	百合花洁白高雅，株形直立优美，可与其他植物一同配植成丛，也可成片栽植于疏林下。	花洁白	5 ~ 6 月
110	马蹄莲	天南星科	马蹄莲属	多年生草本植物，喜温暖湿润的气候，喜疏松肥沃的土壤，忌强阳光直射。	马蹄莲叶片厚实且碧绿，花色洁白，花形奇特。马蹄莲在插花和切花中运用较多，也可作为盆栽至于茶几书桌上。	花白色	3 ~ 8 月
111	玉簪	百合科	玉簪属	喜阴湿的环境，喜肥沃深厚的土层，耐寒，不耐强阳光直射。	玉簪是阴性植物，耐阴，喜阴湿的环境，适宜栽植于林下草地丰富植物群落层次。玉簪叶片秀丽，花色洁白，且具有芳香，花于夜晚开放，是优良的庭院地被植物。	叶绿色 花白色	6 ~ 9 月
112	鸡冠花	苋科	青葙属	喜光，喜温暖干燥的气候，不耐干旱，不耐水湿，不耐霜冻，不耐瘠薄，对土壤的要求不高。	鸡冠花花形花色似鸡冠，花朵大且色彩亮丽，花期长，是园林中常见的绿化和美化材料。可栽植于花坛和花境中，也可做成立体花坛。	花红色	7 ~ 12 月
113	福禄考	花葱科	天蓝绣球属	喜温暖，不耐寒。	福禄考为一年生草本花卉植物，其花期较长，可达 4 ~ 6 个月之久，花色丰富，管理较粗放，是花坛、花镜的良好选择。	花红色、紫色等	5 ~ 10 月
114	红花酢酱草	酢酱草科	酢酱草属	多年生草本植物，喜温暖湿润的气候，喜阳光充足的环境，耐干旱，较耐阴。	红花酢酱草叶片基生，3 片小叶，呈心形，甚为美丽，花小色红，花随日出而开，日落而闭，常成片栽植于林下作地被植物，带状栽植于草坪中，万绿丛中一条红带，景观效果佳。	花红色	3 ~ 12 月
115	霞草	石竹科	丝石竹属	喜疏松、肥沃的土壤，耐寒，不耐炎热潮湿的气候。	霞草花小而繁多，似满天繁星，又被称为满天星，在商业化切花中使用广泛。	花白色	5 ~ 6 月
116	牡丹	毛茛科	芍药属	喜光，喜温暖、干燥的环境，喜深厚肥沃且排水良好的土壤，耐寒，耐干旱和弱碱，不耐水湿，忌强阳光直射。	牡丹品种繁多，花色各异，有黄色、粉色、绿色等多种颜色。牡丹花色、花香和姿态均佳，是庭院绿化的优良选择。	花粉色等	4 ~ 5 月
117	石竹	石竹科	石竹属	喜光，喜肥沃深厚的土壤，耐寒，耐干旱，不耐炎热，不耐水湿。	石竹茎直立，花色艳丽且色彩丰富，花瓣边缘似铅笔屑。是花坛、花境的常用材料，也可用来点缀草坪及坡地，栽植于行道树的树池中也别有一番美景。	花红色等	5 ~ 9 月
118	银边翠	大戟科	大戟属	喜光，喜温暖向阳的环境，喜肥沃疏松的土壤，耐干旱，不耐寒。	银边翠顶叶边缘为白色，叶脉处为翠绿，叶片颜色奇特，青白相间，甚是美丽。可栽植于庭院中、公园等地，也可用来布置花坛、花境和花丛等，是良好的背景材料。	叶绿色、白色	6 ~ 9 月
119	石斛	兰科	石斛属	喜半阴半阳的生长环境，喜温暖潮湿的气候，野生石斛多寄生于大树的树干或石缝中。	石斛花色秀丽，花姿美艳，且具芳香，是观赏价值较高的花卉之一。	花紫色、红色等	4 ~ 5 月
120	大花萱草	百合科	萱草属	耐寒，耐半阴，光线充足的环境下也生长良好，对土壤的要求不高。	大花萱草花多大且颜色艳丽，可用来布置花坛、花境，栽植于疏林草地用作点缀也具有很好的美化效果。	花黄色、粉色	7 ~ 8 月
121	天竺葵	牻牛儿苗科	天竺葵属	生长期喜光，喜干燥，忌水肥过多。	天竺葵叶色浓绿，花朵大而色彩丰富艳丽，是良好的园林绿化植物。	花红色、黄色等	5 ~ 7 月

序号	植物名称	科名	属名	植物习性	配置手法	色彩	观赏期
122	绣线菊	蔷薇科	绣线菊属	喜光，喜温暖湿润的气候，喜肥沃深厚的土壤，耐寒，耐干旱，耐修剪，稍耐阴。	花开于少花的夏季，白色可爱，花期较长，是良好的庭院观赏植物。	花白色	6～8月
123	万寿菊	菊科	万寿菊属	喜光，喜温暖向阳的环境，耐半阴，耐移植，耐寒，耐干旱，对土壤要求不高。	万寿菊花大，花色鲜艳，常用来布置各式花坛。	花黄色、橙色	8～9月
124	鸢尾	鸢尾科	鸢尾属	喜光，喜湿，喜湿润且排水良好的土壤，可生长于沼泽、浅水中，耐寒，耐半阴。	鸢尾叶片清秀翠绿，花色艳丽且花形似翩翩蝴蝶，是庭院绿化的优良花卉，可栽植于花坛、花境中，也可栽植于湖边溪畔。	花蓝紫色	4～6月
125	一串红	唇形科	鼠尾草属	喜光，耐半阴，不耐寒，不耐水湿。	一串红花色红艳，花期长，是城市绿化中常用的草本花卉，适宜栽植于花坛、花境和花丛之中，也可与其他色彩丰富的花卉组成色块营造色彩斑斓的花卉景观。	花红色	8～11月
126	矮牵牛	茄科	碧冬茄属	喜光，喜温暖向阳的环境，喜疏松肥沃且排水良好的沙质土壤。	矮牵牛品种繁多，花色丰富，是优良的室内室外装饰材料。	花红色、紫色、粉色等	4～11月
127	郁金香	百合科	郁金香属	喜光向阳，喜温暖湿润的气候，不耐高温。	郁金香茎秆直立，花形优雅，花色艳丽，叶色秀丽，是世界著名的切花品种。公园和植物园等常见栽植，营造郁金香花海景观。	花红色等	3～4月
128	朱顶红	石蒜科	孤挺花属	喜温暖湿润的气候，忌强阳光直射，不耐水涝。	朱顶红花大色艳，是优良的园林绿化花卉。	花白色、红色等	4～5月
129	常春藤	五加科	常春藤属	常绿攀援藤本植物，耐阴性较强，同时也能在阳光充足的环境下生长，具有一定的耐寒力。	常春藤叶片呈近似三角形，终年常绿，枝繁叶茂，是极佳的垂直绿化植物。适宜栽植于墙面、拱门、陡坡和假山等地。也可以栽植于悬挂花盆中，使枝叶下垂，营造空间中的立体绿化效果。	绿色	全年
130	文竹	天门冬科	天门冬属	喜温暖湿润的气候，喜通风良好的环境，忌强阳光直射，不耐寒，不耐干旱。	文竹枝叶秀丽，姿态优美典雅，是假山、盆景制造的优良材料。	叶绿色	全年
131	彩叶草	唇形科	鞘蕊花属	多年生草本植物，喜高温多雨的气候，喜阳光充足的环境。	彩叶草叶片色彩丰富，是较好的观叶植物，可栽植于花坛花境中，或者点缀于山石间和绿植丛中。	叶片五彩斑斓	7～10月
132	吊竹梅	鸭跖草科	吊竹梅属	多年生草本植物，喜温暖湿润的气候，喜半阴，忌强光直射。	吊竹梅因其叶片似竹叶，故取名为吊竹梅。株形饱满，叶片形状似竹叶，颜色淡雅，浅绿中间夹杂着淡紫，是优良的观叶植物。因其喜半阴的特点，比较适宜栽植于没有阳光直射的墙角、假山附近，也可栽植于林下作为地被植物。	浅绿、淡紫	全年
133	肾蕨	肾蕨科	肾蕨属	多年生草本植物，喜温暖湿润较荫蔽的环境，忌阳光直射。	肾蕨是应用比较广泛的观赏蕨类植物。由于其叶片细腻翠绿，姿态动人，可用来点缀山石、假山。也可作为地被植物栽植于林下和花境沿边，近几年肾蕨在插花艺术中也有不少体现。	绿色	全年
134	紫罗兰	十字花科	紫罗兰属	喜凉爽的气候，喜通风良好地环境，耐寒，不耐阴，不耐水渍，不耐燥热。	紫罗兰花色艳丽，花期长，且花香浓郁，适宜栽植于花坛、花境用来丰富和点缀景观。	花紫色	4～5月
135	高羊茅	禾本科	羊茅属	冷季型草坪草，喜光，喜寒冷潮湿的气候，喜肥沃富含有机质的土壤，耐半阴，耐瘠薄。	我国北方城市运用较多，较多运用于运动场草坪和防护草坪。	绿色	全年

序号	植物名称	科名	属名	植物习性	配置手法	色彩	观赏期
136	匍匐剪股颖	禾本科	剪股颖属	冷季型草坪草，耐寒，耐瘠薄，不耐水湿。	常与其他冷季型草坪草混播，用作高尔夫球场草坪。	绿色	全年
137	草地早熟禾	禾本科	早熟禾属	冷季型草坪草，喜光，耐践踏，耐修剪。	在我国北方、中部城市和南方部分冷凉地区广泛运用于公园、学校、运动场等场所。	绿色	4 ~ 10月
138	黑麦草	禾本科	羊黑麦草属	冷季型草坪草，喜凉爽的气候，喜肥沃且排水良好的土壤，耐水湿，不耐阴，不耐干旱。	为优良的草坪植物。	绿色	全年
139	狗牙根	禾亚科	狗牙根属	暖季型多年生草坪草，喜温暖气候，喜光，耐炎热，耐干旱，稍耐阴。	又被称为百慕大草，是优良的草坪植物，是目前高尔夫球场最普遍的草种植物。	绿色	全年
140	沟叶结缕草	禾亚科	结缕草属	暖季型草坪草，喜温暖湿润的气候，喜光，耐瘠薄，耐干旱，稍耐寒。	又被称为马尼拉草，为优良的草坪植物。	绿色	全年
141	地毯草	禾亚科	地毯草属	暖季型多年生草坪草，喜温暖湿润的气候，耐贫瘠。	又被称为大叶油草，是优良的草坪植物。	绿色	全年
142	假俭草	禾亚科	蜈蚣草属	暖季型多年生草坪草，喜温暖湿润的气候，耐瘠薄，较耐旱，耐粗放管理，不耐阴。	为优良的草坪植物。	绿色	全年

百合　玉簪　牡丹　天竺葵　一串红　文竹　肾蕨　紫罗兰

【藤本植物】

序号	植物名称	科名	属名	植物习性	配置手法	色彩	观赏期
143	常春藤	五加科	常春藤属	常绿攀援藤本植物，耐阴性较强，同时也能在阳光充足的环境下生长，具有一定的耐寒力。	常春藤叶片呈近似三角形，终年常绿，枝繁叶茂，是极佳的垂直绿化植物。适宜栽植于墙面、拱门、陡坡和假山等地。也可以栽植于悬挂花盆中，使枝叶下垂，营造空间中的立体绿化效果。	绿色	常年
144	紫藤	蝶形花科	紫藤属	缠绕类藤本植物，落叶，木质，喜温暖湿润的气候，喜光，耐瘠薄，耐水渍，稍耐阴。	紫藤花大，色彩艳丽，花色为紫色，盛花期时，满树紫藤花恰似紫色瀑布一般，是优良的垂直绿化和观赏植物，适宜栽植于公园棚架和花廊，景观效果极佳。	花紫色	4 ~ 5月
145	鸡血藤	豆科	南五味子属	常绿木质藤本植物，喜温暖湿润的气候。	鸡血藤四季常绿，枝叶繁茂青翠，盛花期时紫红色花序自然下垂，花色美艳，花形俏丽，适宜栽植于花廊、花架以及运用于建筑物的立体绿化中。	叶绿色 花紫红色	全年
146	白花油麻藤	蝶形花科	黧豆属	缠绕类藤本植物，常绿，木质，喜温暖湿润的气候，喜光，耐半阴不耐干旱和瘠薄。	白花油麻藤因为其花形酷似禾雀，因此也被称为禾雀花，禾雀花串状挂满枝头，甚是美丽。白花油麻藤适宜栽植于棚架和花廊上，蔓蔓长枝缓缓垂下，犹如门帘，景观效果极佳。	叶绿色 花白色	4 ~ 6月
147	凌霄花	紫葳科	紫葳属	攀援藤本植物，喜光，喜温暖湿润的气候，稍耐阴，较耐水湿。	凌霄花漏斗状的花形美丽，花色鲜艳，是园林绿化中的重要材料之一。可栽植于墙头、廊架等地，也可经过轻微修剪做成悬垂的盆景放于室内。	花红色、橙色	5 ~ 8月
148	爬山虎	葡萄科	爬山虎属	吸附类藤本植物，落叶，木质，喜阴湿的气候和环境，耐寒，对环境的适应性较强。	爬山虎新叶时叶片嫩绿，秋季变为鲜红色，色彩夺目，可用来作为垂直绿化植物用来装饰墙面和棚架，也可作为地被植物运用。	新叶嫩绿色，秋叶鲜红色	3 ~ 11月
149	藤本月季	蔷薇科	蔷薇属	藤本灌木，落叶，喜光，喜温暖背风且空气流通顺畅的环境，喜肥沃且排水良好的土壤。	花形丰满，花色艳丽且丰富，花期较长，是立体绿化中较常用的材料之一。	花红色等	3 ~ 9
150	牵牛	旋花科	牵牛属	缠绕类一年生草本植物，喜温暖的气候，喜光，耐干旱瘠薄，不耐寒。	牵牛花是优良的观花藤本植物，花朵小巧可爱，花色鲜艳美丽，适宜栽植于藤架、门廊等，也可栽植于花坛、花境中。	花色丰富，有蓝色、红色等	7 ~ 9月
151	夜来香	萝藦科	夜来香属	缠绕类多年生草本植物，喜温暖湿润的气候，喜阳光充足且通风良好地环境，耐干旱，耐瘠薄，不耐水涝和严寒。	由于昼夜的空气湿度和多方面原因，夜来香在夜间开花时香味更浓，故名夜来香。夜来香枝条纤细，傍晚花开，花香浓郁，可用来布置庭院等。	叶绿色 花紫红色	5 ~ 10月
152	三角梅	紫茉莉科	叶子花属	常绿攀援状灌木，喜光，喜温暖湿润的气候，不耐寒。	三角梅颜色亮丽，苞片大，花期长，是庭院绿化设计时的优良材料。可栽植于院内，由于其攀援特性，垂挂于红砖墙头，别有一番风味。可用作盆景、绿篱和特定造型，也可借助花架、拱门或者高墙供其攀援，营造立体造型。	花的苞片紫红色	3 ~ 10月
153	迎春	木犀科	素馨属	喜光，喜温暖湿润的气候，喜疏松肥沃且排水良好的土层，稍耐阴。	迎春花花如其名，每当春季来临，迎春花即从寒冬中苏醒，花先于叶开放，花色金黄，垂枝柔软。迎春花花色秀丽，枝条柔软，适宜栽植于城市道路两旁，也可配植于湖边、溪畔、草坪和林缘等地。	花金黄	3 ~ 4月
154	五叶地锦	葡萄科	爬山虎属	吸附类藤本植物，落叶，木质，喜阴湿的气候和环境，耐寒，对环境的适应性较强。	五叶地锦叶具五小叶，新叶时叶片嫩绿，秋季变为鲜红色，色彩夺目，可用来作为垂直绿化植物用来装饰墙面和棚架，也可作为地被植物运用。	新叶嫩绿色，秋叶鲜红色	3 ~ 11月
155	金银花	忍冬科	忍冬属	缠绕类灌木植物，常绿，木质，喜光且耐阴，耐干旱，耐水湿，适应性强。	金银花枝叶常绿，花小，有芳香，适宜栽植于庭院角落，可攀援墙面和藤架，盛花期时，花香馥郁，白花点点。	叶绿色 花白色	4 ~ 10月
156	绿萝	天南星科	麒麟叶属	多年生常绿藤本植物，喜温暖湿润的气候，忌强光直射，耐阴性较强。	绿萝叶片偏大，叶形美丽，四季常青，是较好的庭院景观观赏植物，由于绿萝栽培容易，又能水养，近年来已经成为了办公室和家居环境的新宠。园林运用中，较适宜栽植于墙面和拱门，可作垂直绿化材料，因具备较强的耐阴性，栽植在林下做地被植物也是不错的。	绿色	全年

Central China
中部篇
——住宅区植物景观分析
entral

中科大学村六十四阶别墅景观

设计单位：上海唯美景观设计工程有限公司
项目性质：别墅区景观
项目地点：上海市
项目面积：46,273平方米

上海属亚热带海洋性季风气候。春天温暖，夏天炎热，秋天凉爽，冬天阴冷，全年雨量适中，季节分配比较均匀。总的说来就是温和湿润，四季分明。

项目内植物配置

乔木层：香樟、鹅掌楸、黄花刺槐、杨梅、圆柏、广玉兰、乐昌含笑、金合欢、杜英、香泡、榉树、朴树、银杏、无患子、金丝垂柳、二乔玉兰、黄花刺槐、柿树、枫香、五角枫、金桂 、罗汉松、四季桂、杨梅、石楠、柑橘、含笑、山茶、苏铁、碧桃、垂丝海棠、日本晚樱、紫荆 、紫玉兰、红叶李、木槿、石榴、紫薇、红梅、蜡梅、红枫、木芙蓉、四照花、西府海棠 、凤尾竹、黄竿乌哺鸡竹等

灌木层：四季桂、紫荆、法国冬青、山茶、无刺枸骨、枸骨、金叶女贞、红叶石楠、含笑、小叶女贞、龟甲冬青、金边黄杨、海桐、红花檵木、毛杜鹃、茶梅、地中海荚、红果金丝桃、南天竹海桐、八角金盘、金焰绣线菊等

地被及草坪层：细叶麦冬、沿阶草、果岭草、黄金菊、紫鹃、细叶美女樱、金边阔叶麦冬、云南黄馨等

藤本：紫藤、葡萄等

水生植物：再力花、水生美人蕉、菖蒲、水葱、睡莲、千屈菜、梭鱼草等

诗意生活　生态宜人

合理利用高差，创造生态、富有情趣的竖向立面空间，空间结构开阖有致，冠大荫浓的丰富栽植确保了别墅院落的私密与尊贵，潺潺活水打造了流水别墅，在景观的序列空间中，一切都具有生机活力，运动中的韵律空间使小区生态、灵动，在天地人和中有机地融于纯自然。

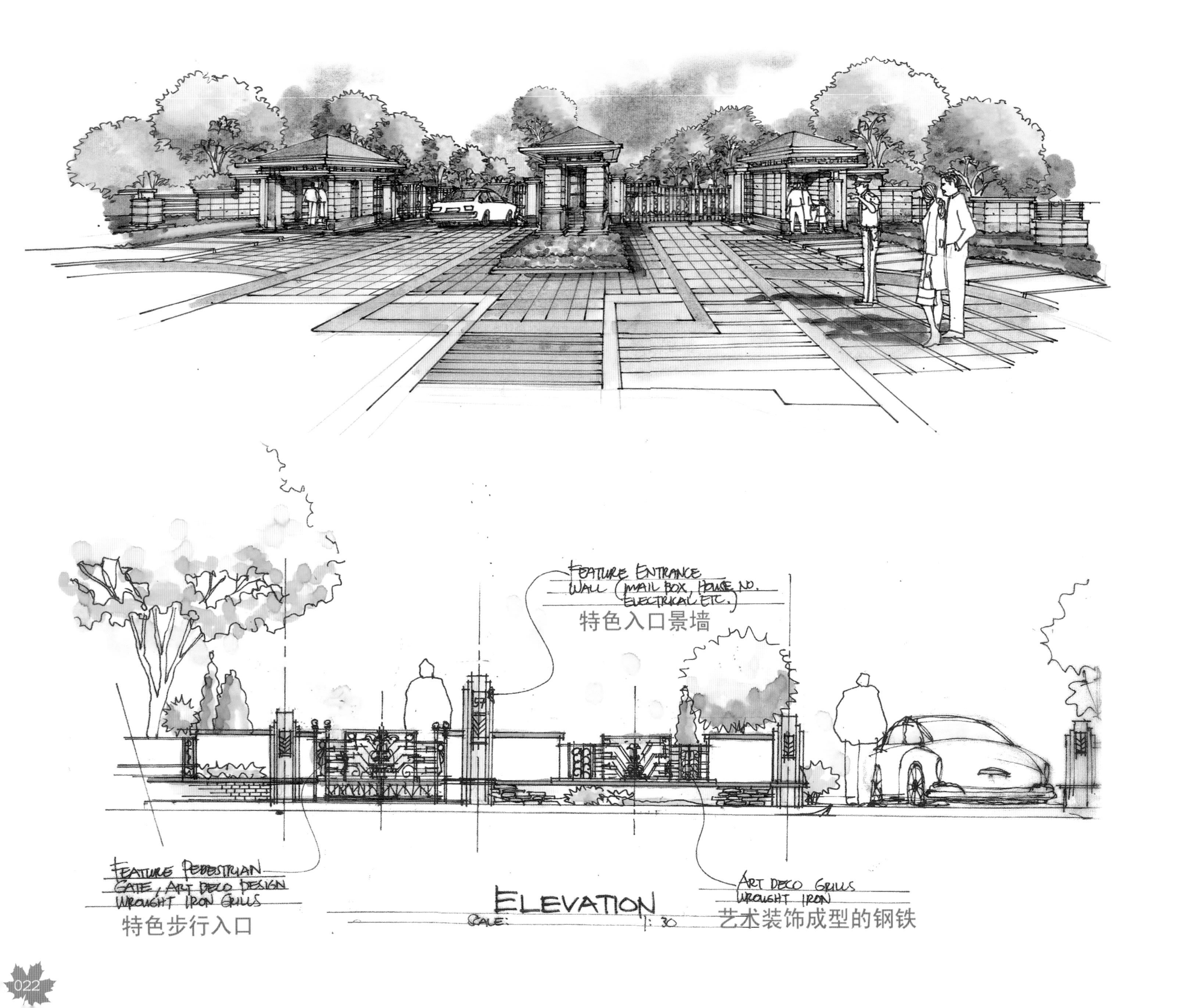
FEATURE ENTRANCE
WALL (MAIL BOX, HOUSE NO.
ELECTRICAL ETC.)
特色入口景墙
FEATURE PEDESTRIAN
GATE, ART DECO DESIGN
WROUGHT IRON GRILLS
特色步行入口
ELEVATION
SCALE: 1:30
ART DECO GRILLS
WROUGHT IRON
艺术装饰成型的钢铁

MAIN ENTRANCE BLOW-UP

SCALE 1:200

PERIMETER PLANTING
FENCE LINE
GUARDHOUSE
ENTRY WATER FEATURE
ENTRY PAVEMENT
FEATURE ENTRANCE PAVEMENT
SIDEWALK PAVING
FEATURE POLE LIGHT
PEDESTRIAN ENTRANCE

MAIN ENTRANCE BLOW-UP

SCALE 1:200

PERIMETER PLANTING
FENCE LINE
GUARDHOUSE
ENTRY WATER FEATURE
ENTRY PAVEMENT
FEATURE ENTRANCE PAVEMENT
SIDEWALK PAVING
FEATURE POLE LIGHT
PEDESTRIAN ENTRANCE

COMMUNITY PLAZA BLOW-UP PLAN

SCALE 1:200

TREE COLLAR SEATING
BENCH
BOLLARD LIGHTING
TIMBER BOARDWALK
FOOT BRIDGE
WATER WALL
FOOTPATH
MAN-MADE CREEK/POND
COMMUNITY PLAZA
FEATURE TRELLIS
WATER SPOUT
OPEN LAWN

1 PLAN

SCALE 1:200

0 2 6 12 14

植物名称：金合欢
树形优美，冬季时节会盛开具有芳香的金黄色球状花，叶形似羽毛一般，是优良的庭院绿化树种。适宜栽植于山坡、凉亭旁和水岸边。

植物名称：紫荆
落叶小乔木或灌木，具有耐寒性，耐修剪能力较强，花先于叶开放，簇生于枝干上，花期一般在春季，花色鲜艳，盛花期时，有一种花团锦簇，枝叶扶疏的景象。紫荆可列植于操场等地，也可孤植于庭院中，更有家庭美满的寓意。

植物名称：栀子花
常绿灌木，喜光，喜温暖湿润的气候，适宜阳光充足且通风良好的环境。花色纯白，花香宜人，是良好的庭院装饰材料，可以从植于墙角，或修剪为高低一致的灌木带与红花檵木、石楠等植物一同配植于公园、景区、道路绿化区域等地。

植物名称：香泡
常绿小乔木或灌木，喜温暖的气候环境，花期较长，芬芳馥郁，果实较大，是良好的观花观果绿化植物，可栽植于城市公园、别墅庭院内。

朴树 + 无患子 + 香樟 + 罗汉松 + 花石榴 + 紫叶李 - 红叶石楠 + 枸骨 + 红花檵木 + 金叶女贞 - 细叶麦冬

别墅入户空间绿化空间小，但却有无需多言的重要性，因此在植物配置手法上宜简约大方，植物选择上则要突显品质感和归属感，在小空间中做大文章。此处主要以简洁乔木结合丰富而整洁的灌木及地被的形式进行处理，香樟、朴树、无患子打破了建筑高度及立面上的平淡，花石榴和紫叶李在色彩上突出不同入户的特点，红叶石楠球结合红花修剪的红花檵木色彩搭配得当，最下层以细叶麦冬收边则显得细腻，总体上提升了整个入户界面的品质感。

植物名称：石榴
落叶小乔木或灌木，栽植于热带地区常作常绿树种培育。石榴花大且颜色鲜艳，果实硕大、红艳，是园林绿化中优良的观花观果树种。

植物名称：枸骨
叶形奇特，叶片亮绿革质，四季常绿，秋季果实为朱红，颜色艳丽，是良好的观叶、观果植物，可以栽植于道路中间的绿化带和庭院角落。因其叶片较硬、叶形锋利，不建议在儿童空间等地栽植。

植物名称：罗汉松
为常见景观树种。由于其针叶形状独特，树形奇异，常被用来作独赏树、盆栽树种和花坛花卉。罗汉松树形古朴风雅，多在寺庙内常见，现也常用于大厅、中庭对植或孤植。与假山、湖石相配种植可以营造中式庭院风味。

植物名称：红花檵木
常绿小乔木或灌木，花期长，枝繁叶茂且耐修剪，常用于园林色块、色带材料。与金叶假连翘等搭配栽植，观赏价值高。

植物名称：黄杆乌哺鸡竹
竹竿金黄色，色泽鲜艳，竹叶翠绿，枝杆多姿，是良好的造景竹种。

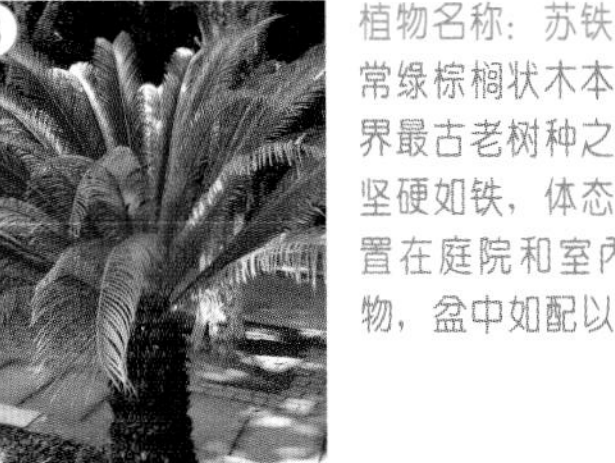

植物名称：苏铁
常绿棕榈状木本植物，雌雄异株，世界最古老树种之一，树形古朴，茎干坚硬如铁，体态优美，制作盆景可布置在庭院和室内，是珍贵的观叶植物，盆中如配以巧石，则更具雅趣。

植物名称：香樟
常绿大乔木，树形高大，枝繁叶茂，冠大荫浓，是优良的行道树和庭院树。香樟树可栽植于道路两旁，也可以孤植于草坪中间作孤赏树。

植物名称：细叶麦冬
总状花序淡紫色或白色。四季常绿，通常成片栽植于林下或水边作地被植物，也可栽植用来点缀山石、假山等。

植物名称：红叶石楠
常绿小乔木，红叶石楠春季时新长出来的嫩叶红艳，到夏季时转为绿色，因其具有耐修剪的特性，通常被做成各种造型运用到园林绿化中。

植物名称：茶梅
常绿花灌木，花多美丽，常用于林边，墙角作为精致配植，也可作为花篱及绿篱。

植物名称：金叶女贞
常绿灌木，生长期叶子呈黄色，与其他色叶灌木可修剪成组合色带，观赏效果佳。

植物名称：山茶
常绿乔木或灌木，中国传统的十大名花之一，品种丰富，花期2～4月，花大艳丽。树冠多姿，叶色翠绿。耐荫，配置于疏林边缘，效果极佳，亦可散植于庭院一角，格外雅致。

植物名称：金桂
终年常绿，是行道树的好的选择。秋季开花，花色金黄，花香浓郁，可营造观花闻香的景观意境，常被用作园景树，可孤植、对植、丛植于庭院和景区。

植物名称：枇杷
喜光，喜温暖气候，稍耐阴，稍耐寒，不耐严寒。可栽植于庭前屋后。

植物名称：凤尾竹
枝叶秀丽，株形小巧密集，适宜用来点缀庭院角落，也可和南天竹等秋叶变色植物搭配种植于假山、山石旁。

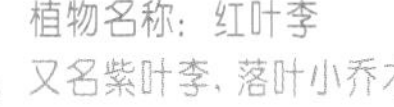

植物名称：红叶李
又名紫叶李，落叶小乔木，树皮紫灰色，小枝淡红褐色，三月红叶李嫩叶鲜红，逐渐生长叶子变成紫色，花叶同放，花期3～4月，是优秀的观花、观叶的优良树种。

植物名称：法国冬青
又名珊瑚树，优良的常绿灌木，耐修剪，抗性强，常用作绿篱。

1
3
4
5
2
6

广玉兰 + 鹅掌楸 + 圆柏 + 枇杷 + 红枫 - 四季桂 + 含笑 - 毛杜鹃

小型庭院空间宜设计成亲切的氛围，植物选择上可选用叶色丰富、开花芳香的植物，中下层适当丰富，此处大乔木选用花大洁白芳香的广玉兰，中下层的红枫四季红艳，红叶石楠新叶诱红，含笑花白芬芳，而结果的枇杷也是庭院中常用的观赏果树，整体感觉亲切宜人。

①

植物名称：广玉兰

常绿小乔木，又被称作为荷花玉兰，其树形高大雄伟，叶片宽大，花如荷花，适宜孤植、群植或丛植于路边和庭院中，可作园景树、行道树和庭荫树。

②

植物名称：含笑

香味较浓烈，适宜栽植于大空间，可丛植于花园、公园，也可配植于草坪和坡地。有小乔木状态，但多为灌木形式。

③

植物名称：鹅掌楸

别名马褂木，落叶大乔木，叶形独特如马褂，秋天叶色金黄，花似郁金香，生长快，是珍贵的行道树和庭园观赏树种，丛植、列植或片植均有奇特的观赏效果。

④

植物名称：红枫

其整体形态优美动人，枝叶层次分明飘逸，广泛用作观赏树种，可孤植、散植或配植，别具风韵。

⑤

植物名称：圆柏

常绿乔木，雌雄异株，幼龄树树冠整齐圆锥形，树形优美，大树干枝扭曲，姿态奇古，可以独树成景，是中国传统的园林树种。

⑥

植物名称：毛杜鹃

花多，可修剪成各种造型，也可与其他植物配合种植形成模纹花坛，或独成片种植。

⑦

植物名称：小叶女贞

枝叶整齐耐修剪，是庭院中较常见的景观绿化植物，可以与红花檵木、红叶石楠等植物搭配种植，是重要的绿篱植物。

⑧

植物名称：龟甲冬青

常绿小灌木，多分枝，小叶密生，叶形小巧，叶色亮绿，具有较好的观赏价值。

朴树 + 金桂 + 罗汉松 + 红枫 - 四季桂 + 小叶女贞 + 金叶女贞 + 龟甲冬青 + 金边黄杨 + 海桐 + 红花檵木 - 细叶麦冬

此处由叠级水景形成主体空间，由近而远植物搭配形成了良好的层次感，上层乔木选用株形饱满的朴树及金桂，恰到好处的在视觉焦点上点景，中下层则是各种色彩丰富的球状灌木，叠水驳岸主要以卵石收边，结合紫、黄、绿、红的各色灌木，色彩喜人。

金桂 + 红枫 - 红叶石楠 - 毛杜鹃 + 红花檵木 + 金边黄杨 - 细叶麦冬

此处通过性空间由一条蜿蜒的园路与两侧的植物组成，上层乔木选用枝叶茂密的金桂，两侧夹景，形成了树洞一般的感觉，路的转折处点缀红枫，让人眼前一亮，穿过稠密的枝叶，又是另一番开阔的场景，可谓欲扬先抑。下层各色地被的搭配形式简洁却不显得单调，细叶麦冬的收边很好地柔化了园路的边角，细腻而亲人。

植物名称：金边黄杨
金边黄杨为大叶黄杨的变种之一，常绿灌木或小乔木，适宜与红花檵木、南天竹等观叶植物搭配栽植。

植物名称：杨梅
小乔木或灌木，树冠饱满，枝叶繁茂，夏季满树红果，甚为可爱，可做点景或用作庭荫树，更是良好的经济型景观树种。

植物名称：银杏
树形优美，树干高大挺拔，叶形奇特美丽，叶色秋季变为金黄色，是优良的行道树和庭院树种。

植物名称：无刺枸骨
叶形奇特，叶片亮绿革质，四季常绿，秋季果实为朱红，颜色艳丽，是良好的观叶、观果植物，可以栽植于道路中间的绿化带和庭院角落。是枸骨的变种，叶片与枸骨相比，圆润无刺。

香樟 + 银杏 + 杨梅 + 花石榴 - 法国冬青 + 山茶 + 无刺枸骨 + 金叶女贞 + 红叶石楠 - 细叶麦冬

此处三株香樟形成广场主景，打破外围植物所形成的较为整齐的天际线，前景中的花石榴、红叶石楠以及金叶女贞极具感染力，广场一侧的置石与灌木球相结合，起到休闲功能，红色果实的杨梅伴在一侧，果期可以增加此景的亲切氛围。

2
3
4

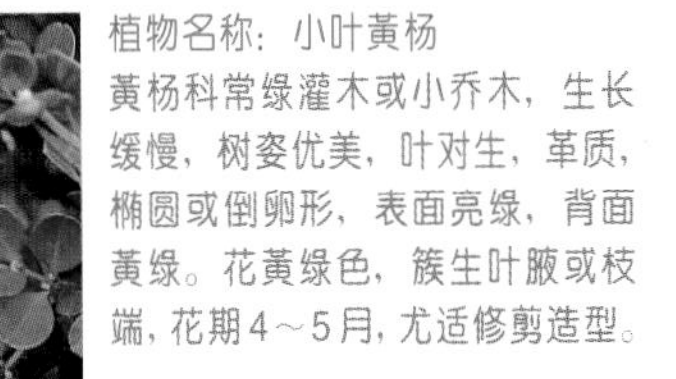

植物名称：小叶黄杨

黄杨科常绿灌木或小乔木，生长缓慢，树姿优美，叶对生，革质，椭圆或倒卵形，表面亮绿，背面黄绿。花黄绿色，簇生叶腋或枝端，花期4～5月，尤适修剪造型。

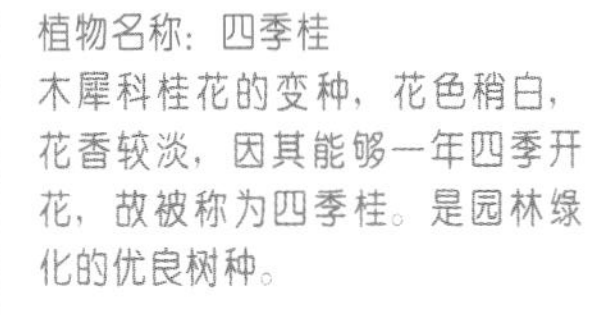

植物名称：四季桂

木犀科桂花的变种，花色稍白，花香较淡，因其能够一年四季开花，故被称为四季桂。是园林绿化的优良树种。

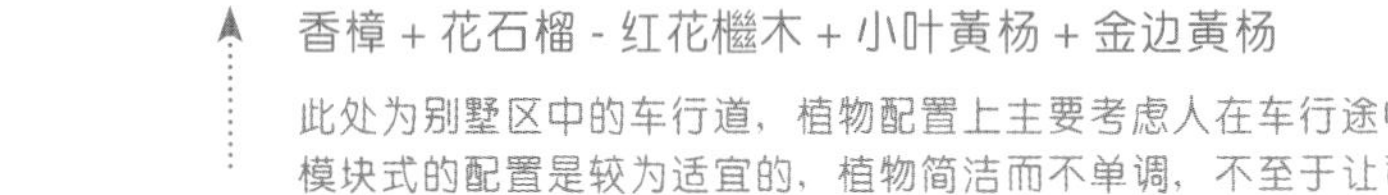

香樟 + 花石榴 - 红花檵木 + 小叶黄杨 + 金边黄杨

此处为别墅区中的车行道，植物配置上主要考虑人在车行途中的的观赏感受，采用模块式的配置是较为适宜的，植物简洁而不单调，不至于让司机产生审美疲劳，同时又节约了成本。

六十四阶

1
2

四季桂＋法国冬青＋大叶黄杨＋海桐＋茶梅－紫藤＋葡萄

此处廊架提供了休闲与交流的场所，无顶的廊架在太阳下并不能提供遮阳功能，故以攀援的紫藤和葡萄种于两侧，可以日后解决这一问题，提供生态遮阳功能。春花的紫藤和秋果的葡萄组合，在季节观赏性上互相补充。

① 

植物名称：紫藤
紫藤花大，色彩艳丽，花色为紫色，盛花期时，满树紫藤花恰似紫色瀑布一般，是优良的垂直绿化和观赏植物，适宜栽植于公园棚架和花廊，景观效果极佳。

②  

植物名称：葡萄
木质藤本植物，叶片大，多花，果实颗粒大，呈串状。是很好的花廊花架装饰植物，果实成熟时，更显美丽。

③  

植物名称：海桐
叶态光滑浓绿，四季常青，可修剪为绿篱或球形灌木用于多种园林造景，而良好的抗性又使之成为防火防风林中的重要树种。

植物名称：八角金盘
南天星科草本植物，叶掌状，耐阴蔽，是良好的地被植物。

黄杆乌哺鸡竹 - 八角金盘 - 细叶麦冬

景桥前竹子夹景，满目都是绿色的纯粹，竹子给人的感觉更多的是清与净，让人似乎可以预感到下一个空间的开阔而静谧。

②

植物名称：朴树

落叶乔木，树冠宽广，孤植或列植均可，且其对多种有害气体有较强抗性，也常用于工厂绿化。

③

植物名称：雪松

常绿乔木，是世界著名的庭院观赏树种之一，树形尖塔状，适宜植于草坪中或主要景观节点或轴线上。

④

植物名称：红千层

常绿小乔木或灌木。其叶似罗汉松叶，披针形，花形独特，色泽艳丽，可作为庭院树种植在小区内和公园里，也可作行道树栽植在道路两旁。

① 植物名称：菖蒲

多年生水生草本植物，挺水花卉，花期为7～9月，花较小，常栽植于沼泽、溪边，是营造湿地公园水景，仿原生植物景观的较好水生植物材料。

② 植物名称：水生美人蕉

多年生草本，花有粉色、黄色或红色，可用于浅水绿化，观赏性佳。

③ 植物名称：垂柳

枝条柔软细长，最适合配植在水畔，形成垂柳依依之景，与桃花相间而种则是桃红柳绿的特色景观。

④ 植物名称：水葱

株形奇趣，株丛挺立，具有独特的观赏价值，常与荷花、睡莲、慈姑等互相配合，构成优美的滨水景观效果。

⑤ 植物名称：黄花刺槐

蝶形花科，落叶乔木，树冠高大，叶色鲜绿，穗状花序，落叶后，枝条优美，有国画韵味，常用作行道树与庭荫树。

⑥ 植物名称：五角枫

落叶乔木，嫩叶红色，秋叶橙红，是良好的色叶树种，可作为庭荫树、行道树等。

⑦ 植物名称：无患子

落叶大乔木，树干挺拔，秋季叶色变黄，是庭院绿化中优良的观叶植物，可与常绿乔木搭配种植，营造季节变换景观。

⑧ 植物名称：花叶芦竹

多年生挺水草本观叶植物。常用于池畔、湖边与水生花卉搭配栽植。

⑨ 植物名称：再力花

多年生挺水草本植物，植株高大美观，叶色翠绿，蓝紫色花别致、优雅，是重要的水景花卉。常栽植于水边、湖畔和湿地。

⑩ 植物名称：睡莲

多年生水生草本植物，浮水花卉，花期为6～9月，睡莲花形飘逸，花色丰富，花形小巧可人，在现代园林水景中，是重要的造景植物。

五角枫＋黄花刺槐＋香樟＋垂柳－四季桂＋紫荆－再力花＋花叶芦竹＋水葱＋菖蒲＋睡莲－紫藤

河水流经别墅的院前，亲水休闲平台拉近了人与水之间的距离，花叶芦竹和再力花簇拥两侧，缓坡入水的驳岸明显因此而丰富起来，上层乔木选用五角枫、黄花刺槐等秋色叶或开花植物，起到支撑整个植物组合的作用，而此处植物群在叶子保持绿色的季节也展现了不同色调的绿色，仿佛是绿的协奏曲。

5
6
7
8
9
10

昆山首创青旅岛尚

设计单位：深圳奥雅设计股份有限公司
业　　主：北京首创及中青旅
项目地点：江苏省昆山市
项目面积：99,800 平方米

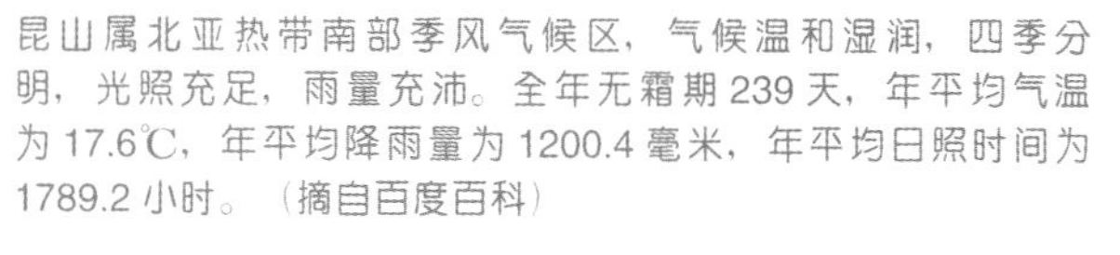

昆山属北亚热带南部季风气候区，气候温和湿润，四季分明，光照充足，雨量充沛。全年无霜期 239 天，年平均气温为 17.6℃，年平均降雨量为 1200.4 毫米，年平均日照时间为 1789.2 小时。（摘自百度百科）

项目内植物配置

乔木层：紫玉兰、红枫、柚子、竹子、玉兰、桂花、桃花等

灌木层：茶花、八角金盘、杜鹃、法国冬青、银边黄杨、观音竹、茶梅、栀子、红叶石楠、非洲茉莉等

地被及草坪层：洒金珊瑚、八仙花、常春藤、紫叶小檗、吊竹梅、紫罗兰、银边草、鸡冠花、孔雀草、大叶麦冬等

该项目位于昆山市西南隅，与古镇周庄相邻。东临淀山湖，西依澄湖，南靠五保湖，北有矾清湖、白莲湖，“东迎薛淀金波远，西接陈湖玉浪平”。故锦溪历来有“金波玉浪”之称，拥有得天独厚的文化依托。

项目的建筑为临水而筑的现代中式纯别墅， 中式阔檐，白墙黛瓦，线条简洁。景观设计从地域出发，依托于江南水乡这个大环境，打造精致、舒适、私享的水乡小镇。 考虑到项目地处江南地区，流水景观多样，在历史长期发展过程中，形成了“小桥流水人家”的别样景致，而项目基地亦是流水环绕，流水潺潺，景观设计的愿景定义为“水乡印象”：“饶镇而过的河流，水阁木楼，临河而起，绰影幢幢，小巧轻卧，杨柳依依，高高的垣墙夹着狭窄曲折的街巷，延伸向前，消失在烟雨中。”追寻梦里的水乡生活，潜隐于江南水巷中，景观设计把江南诸景用现代的手法组织深化，景观元素突出“水乡的苑，水乡的街，水乡的巷，水乡的桥，水乡的码头”，营造出烟雨江南，漠漠水乡的隐居生活氛围。

植物设计围绕着中式、自然、生态等几个方面展开，注重空间营造收放相结合，注重各种植物的质感和色彩的对比，利用植物四季变化来营造自然、舒适且不一样的景观效果。此外在有限的宅间巷道空间，结合入户空间，配植中国园林中颇具典故的传统植物类型，如竹子，山茶，金桂，玉兰和海棠等，赋予无限的人文意境空间。

植物名称：银边黄杨

常绿灌木，叶片革质且光亮，叶中间绿色，边缘为白色，较耐修剪，与红花檵木等植物配植庭院中景观效果佳。

植物名称：吊竹梅

多年生草本植物，茎短，叶片较小，呈心形或宽卵形。可栽植于水边或草坪边缘。

紫玉兰 + 柚子 - 红枫 + 法国冬青 - 银边黄杨 + 八角金盘 - 杜鹃 + 彩叶草 + 吊竹梅 + 紫罗兰 + 常春藤 + 银边草

树形优美的柚子树绝对是这一处小庭院的视觉焦点，法国冬青围合的小空间区域既不沉闷，同时也起到了空间划分的作用。潺潺的流水声，伴着紫罗兰的花香以及红枫秀丽的身姿，为这一片小天地增加了不少乐趣。

草坪与石板的结合，绿色与白色的搭配，硬质与软质的碰撞，是业主工作之外，生活之余，闲庭散步的好地方。

2
1

植物名称：银边草
多丛植或者栽植于山石旁起到点缀作用。

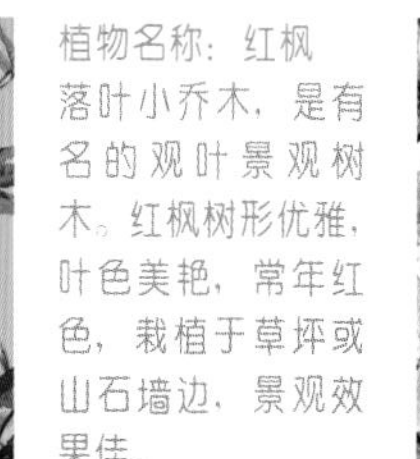

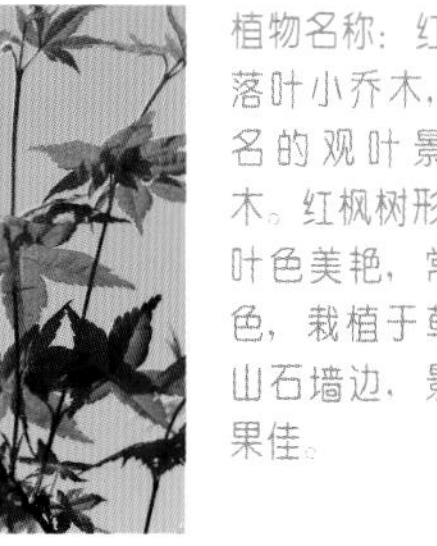

植物名称：红枫
落叶小乔木，是有名的观叶景观树木。红枫树形优雅，叶色美艳，常年红色，栽植于草坪或山石墙边，景观效果佳。

植物名称：八仙花
落叶灌木，又被称为绣球花。八仙花花期为6～8月，花初开时为白色，渐而转为红色或蓝色，球状花，花形美丽，颜色亮丽，是庭院植物设计时，理想的花卉材料。

植物名称：洒金珊瑚
常绿灌木，是园林造景中较常使用的植物之一。洒金珊瑚叶片秀美，树叶上有金黄色斑点，适宜片植或群植于林下和草坪边缘。

紫玉兰-茶花+法国冬青-八角金盘-杜鹃+洒金珊瑚+八仙花+常春藤

小庭院景观设计既需要空间又不能缺少绿色，门边窗前适宜栽植一些如八角金盘、杜鹃等类型的低矮植物。八仙花作为庭院的点缀，等待着花期到来的繁茂。高度适宜的法国冬青，修剪整齐列植在景墙边，硬质隔断与植物软质隔断相结合，既不沉闷，同时也保护了住户间的私人空间。

植物名称：紫罗兰
多年生草本植物，紫罗兰花期较长，花朵茂盛，颜色鲜艳，适宜栽植于花坛或小径旁。

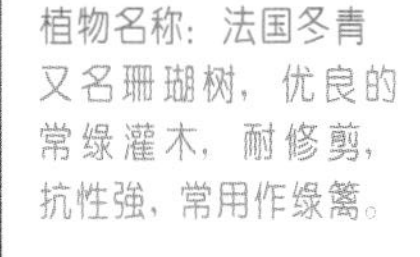

植物名称：法国冬青
又名珊瑚树，优良的常绿灌木，耐修剪，抗性强，常用作绿篱。

植物名称：紫叶小檗
春开黄花，秋缀红果，叶、花、果均具观赏效果，耐修剪，适宜在园林中作花篱或修剪成球形对称配置，广泛运用在园林造景当中。

植物名称：常春藤
多年生常绿攀援灌木，株形优美，叶片秀丽，是优良的室内观叶植物。

植物名称：柚子
常绿小乔木，球形树冠，叶片亮绿，可孤植或对植于宅前院后，也可作为行道树栽植于道路两旁。

植物名称：凤尾竹
枝叶秀丽，株形小巧密集，适宜用来点缀庭院角落，也可和南天竹等秋叶变色植物搭配种植于假山、山石旁。

植物名称：桃花

落叶小乔木，常与柳树一同搭配栽植于水边、湖畔，桃花的妖艳，柳枝的飘逸，伴随着湖水的静谧，别有一种风情。现也常使用在住宅小区内的造景中，春来花开，风姿卓越。

植物名称：桂花

常绿小乔木，又可分为金桂、银桂、月桂、丹桂等品种。桂花是极佳的庭院绿化树种和行道树种，秋季桂花开放，花香浓郁。

植物名称：玉兰

落叶乔木，花期为2～3月，花色洁白，花先于叶开放，具有幽香，早春盛花期时，满树白花，甚是美丽。是很好的庭院观赏植物，也可以作为行道树栽植于道路两旁。

植物名称：鸡冠花

一年生草本花卉，因为其花序鸡冠状，故名鸡冠花，是较常见的园林景观植物。品种不一样，花序的色彩也会不同，有深红色、黄色、橙色等。

植物名称：红叶石楠

常绿小乔木，红叶石楠春季时新长出来的嫩叶红艳，到夏季时转为绿色，因其具有耐修剪的特性，通常被做成各种造型运用到园林绿化中。

植物名称：茶花

灌木或小乔木，枝干秀美，枝叶秀绿，花形美丽且色彩丰富，是较好的园林绿化植物。

植物名称：紫玉兰

落叶小乔木或灌木，花期为 3～4 月，花色紫红色，具有芳香。是很好的庭院观赏植物，也可以作园景树。

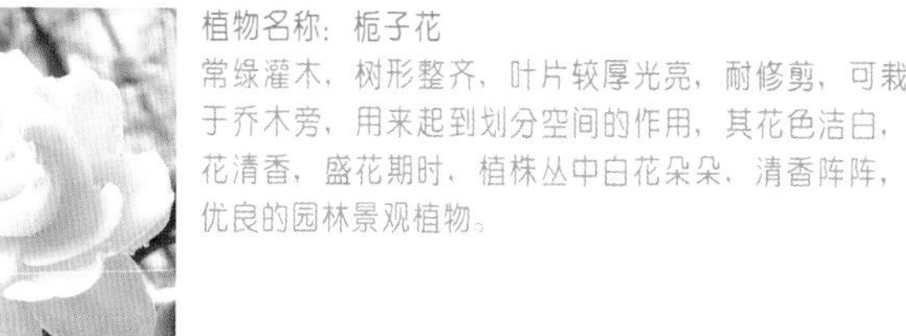

植物名称：杜鹃

常绿灌木。品种丰富，花色多，是理想的植物造景材料。可栽植于林下营造花卉色带。

植物名称：栀子花

常绿灌木，树形整齐，叶片较厚光亮，耐修剪，可栽植于乔木旁，用来起到划分空间的作用，其花色洁白，白花清香，盛花期时，植株丛中白花朵朵，清香阵阵，是优良的园林景观植物。

植物名称：茶梅

常绿灌木，树形秀丽，花色鲜艳，枝条不能重修剪，可栽植于庭院，片植或群植作花篱，也可作为盆栽材料。

植物名称：宽叶麦冬

多年生草本植物，园林中常用来点缀山石、游步道，也可栽植于林下和花境中，是优良的地被植物。

紫玉兰 - 茶花 - 红叶石楠 + 非洲茉莉 + 法国冬青 - 栀子花 + 杜鹃 + 鸡冠花 + 大叶麦冬 + 孔雀草

楼与楼间的重要的不仅是阳光、空间，还有盎然的绿意。以茶花为带，玉兰为景，花开之处，满眼缤纷，风过之处，阵阵飘香。非洲茉莉与红叶石楠穿插栽植，鸡冠花与孔雀草交相辉映，有绿意，有生机。

植物名称：孔雀草

一年生草本植物，茎直立，花色橙色、黄色极为耀眼，花朵日出而开，日落而闭。

重庆恒大金碧天下

设计单位：深圳市赛瑞景观工程设计有限公司
项目地点：重庆市
项目面积：800,000 平方米

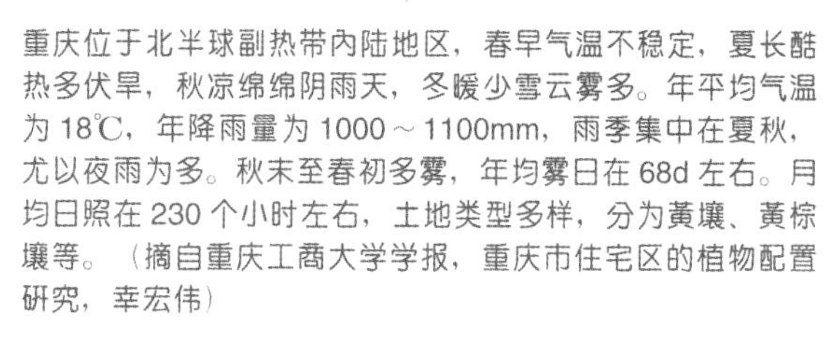

重庆位于北半球副热带内陆地区，春早气温不稳定，夏长酷热多伏旱，秋凉绵绵阴雨天，冬暖少雪云雾多。年平均气温为 18℃，年降雨量为 1000～1100mm，雨季集中在夏秋，尤以夜雨为多。秋末至春初多雾，年均雾日在 68d 左右。月均日照在 230 个小时左右，土地类型多样，分为黄壤、黄棕壤等。（摘自重庆工商大学学报，重庆市住宅区的植物配置研究，幸宏伟）

项目内植物配置

乔木层：老人葵、银海枣、高杆蒲葵、香樟、乐昌含笑、桂花、广玉兰、天竺桂、皂荚、栾树、朴树、蓝花楹、樱花、银杏、合欢、碧桃、早园竹等

灌木层：四季桂、红枫、海桐、红花檵木、黄金榕、夏鹃、苏铁等

地被及草坪层：细叶十大功劳、金叶假连翘、鹅掌柴、春羽、洒金桃叶珊瑚、银边草、一品红、三色堇、混拔草坪等

项目包括酒店、六大功能建筑及别墅区、生态公园和水体部分。以中世纪欧洲山地小镇的经典景观为创意原型，以休闲、度假、会议为主要功能的特色小镇。

利用高差形成跌水、台阶，与湖面相联系，体现亲水性。入口两侧则设置高贵大气的雕塑水景与景墙，强调酒店的尊贵。酒店后花园与溪流结合，除少量特色铺装外，均以自然生态的休闲景观，表现山谷酒店的幽静与从容。

六大功能建筑

一、商业中心，前广场既是重要景观节点，也是营造商业气氛的重要场所。在路口位置设置景观雕塑及喷水，使其成为广场的焦点。再以水渠的形式延伸至商业入口广场使二者之间取得联系。入口广场以景观灯柱、花钵、树阵、特色铺装营造商业氛围。

二、娱乐中心，入口景观处理为喷水特色雕塑与叠水结合的形式，后广场则考虑休闲与山体共同的联系。

三、运动中心，将体育场地与景观结合考虑，中心绿岛、环形休闲长廊、台阶状带形绿化，都是联系两者的景观要素。建筑临水区域外扩，形成亲水休闲走廊，强化建筑与湖面的联系。

四、会议中心，入口处设水景与旗台，表明建筑特征。临水区域则形成环形宽大平台，既可休息也可观景。

五、健康中心，两个独立的功能需配置不同功能与景观。二者均有独立出入口，整体氛围则以安静、自然为主，强调绿化配置及水景的结合。

六、餐饮中心，既要保证用餐环境，特别是 VIP 房的安静与美观，又要适当增加场所的人气。在设计上结合高差，将临湖面分为三个不同标高的平台。其一是建筑外侧以绿化步道、VIP 房外、水景为主，是为了保证用餐的安静。其二是略低于一级平台的室外茶座平台，在此既可观湖景又可休闲地用餐。其三是临湖休闲木栈道，保证环境的亲水性。平台之间通过绿化坡地连接，使其整体环境更加自然生态而又不乏人气。

别墅区，增加其内部与湖面公共通道的联系，保留现有小岛，使之与木栈道、水生植物一起形成湿地园。沿湖道路以生态铺砌和汀步为主，并设景亭深入湖中，增加不同的亲水体验。

生态公园，在公园与公共建筑如商业中心、娱乐中心、运动中心连接处设置休闲场地和健身场地，方便人们休闲。高地山林则以生态小道与景观亭为主，增加植物的多样性和肌理。季节性变化使景观更加生态自然。

水体，可利用的既有山涧溪流又有小河、湖面、岛屿。因此在水体与建筑相邻处以生态硬质驳岸为主，而自然岸线则以软质驳岸及浅滩、乱石为主，强调水体地自然生态特征。

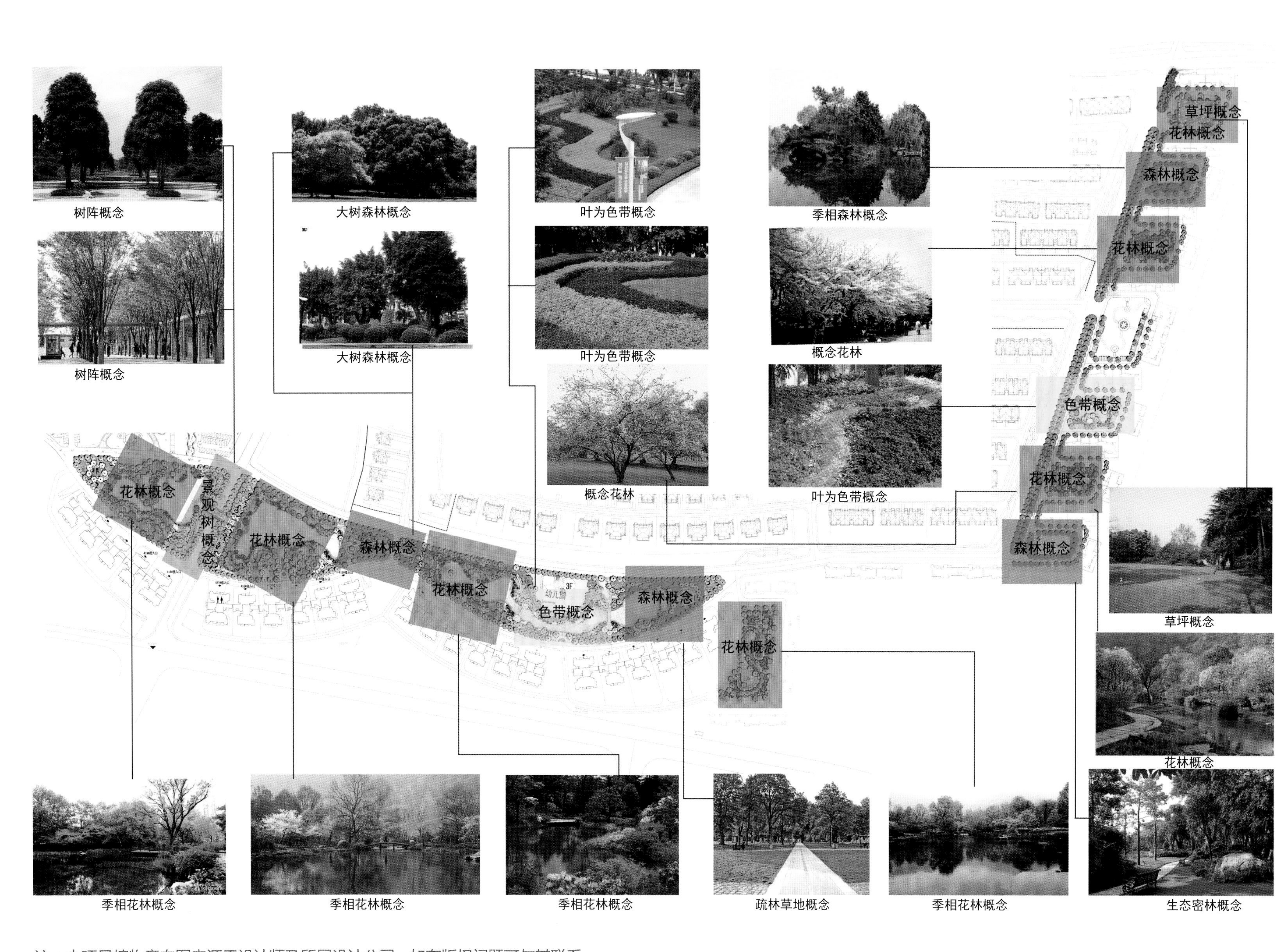

注：本项目植物意向图来源于设计师及所属设计公司，如有版权问题可与其联系。

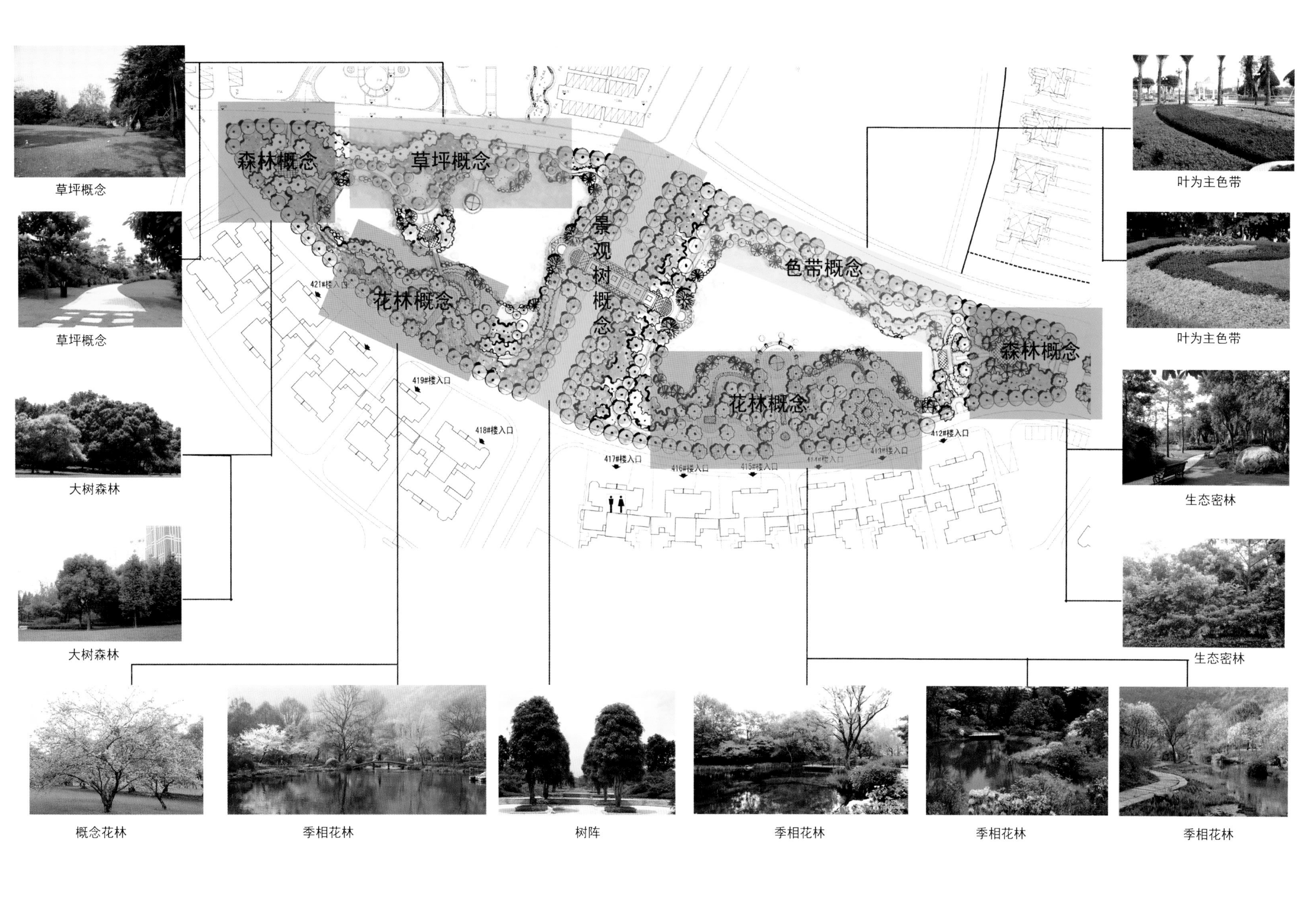

注：本项目植物意向图来源于设计师及所属设计公司，如有版权问题可与其联系。

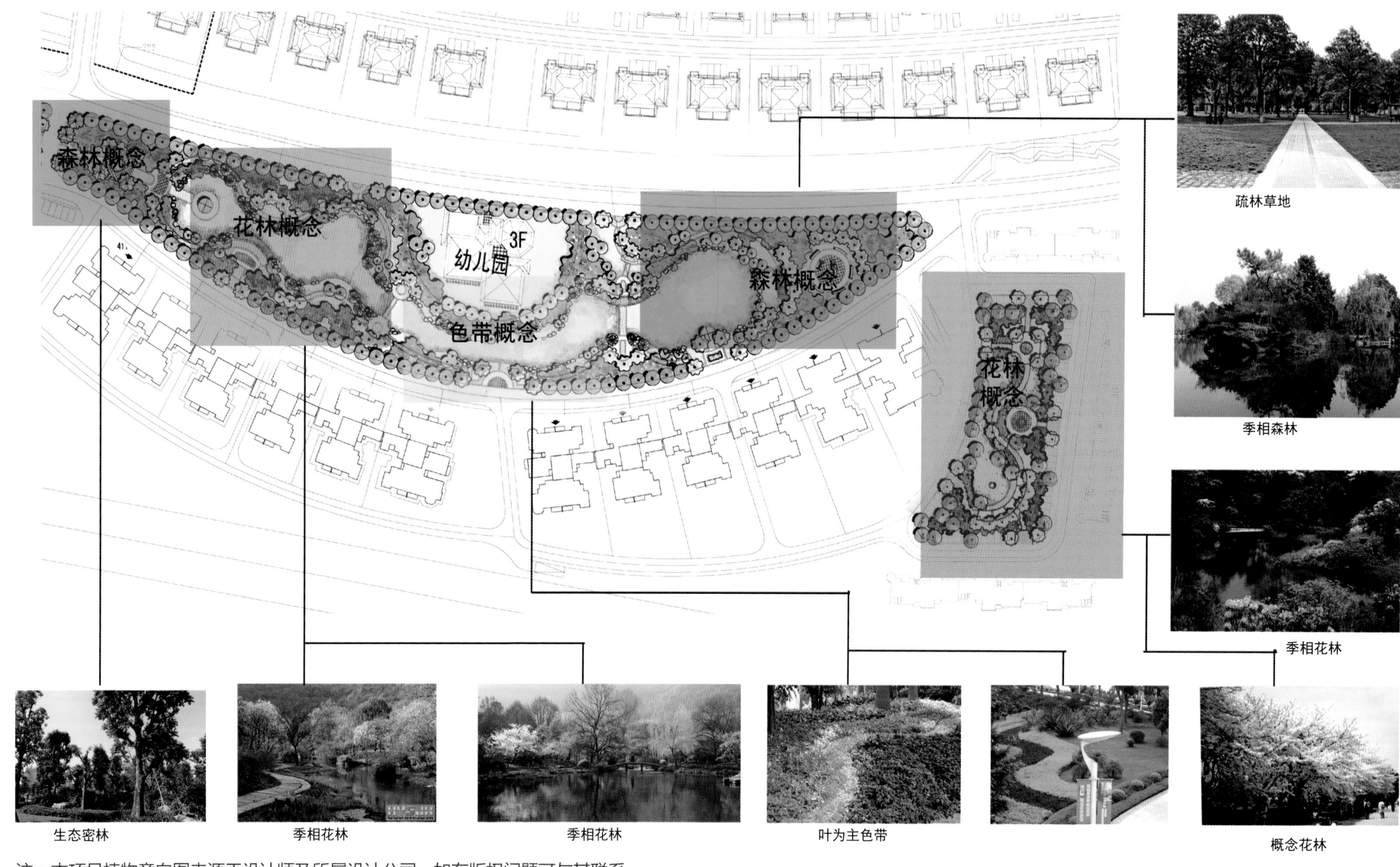

注：本项目植物意向图来源于设计师及所属设计公司，如有版权问题可与其联系。

①

植物名称：广玉兰

常绿小乔木，又被称作为荷花玉兰，其树形高大雄伟，叶片宽大，花如荷花，适宜孤植、群植或丛植于路边和庭院中，可作园景树、行道树和庭荫树。

②

植物名称：老人葵

树形高大，树冠优美，生长速度快，在入口及轴线景观上应用较多。

老人葵＋广玉兰＋桂花＋四季桂－海桐

建筑入口两侧配置高大棕榈科植物老人葵，突显建筑气势，广玉兰则后退一个层次作为衬托，其树形美观且有宛如荷花的白色花朵，在一片绿意中可增添几分美感；最后层的桂花以细密的叶子软化了建筑轮廓，同时为整个前景提供了背景；中层用形态饱满的四季桂增加层次，确保了人视范围内的景观效果。

老人葵 - 红花檵木 + 金叶假连翘 - 混播草坪

建筑前有非常开阔的水面，建筑与水面的高差为良好的视线通达提供了无限可能，在植物营造上应以简洁大气为主，以保证此处良好的视野，营造一览众山的气势。此处设计时以老人葵为骨干，形成第一个景观立面，之后利用高差所形成的坡度设计了模纹花坛，丰富的色彩形成了第二个景观立面。

银海枣 + 桂花 - 鹅掌柴 - 混播草坪

水景为此处的景观轴，两侧银海枣列植可强化景观轴线感，中下层植物采用简化的手法进行处理，展示本项目新古典主义风格简约的气质，而修剪整齐的地被很好的与硬景衔接，同时在树列后的草坪则被地被划出了柔和的轮廓，拉伸了前后空间的层次感，草坪上点植的桂花平添趣味；视线端头以常绿的香樟及色叶的银杏相结合，下层以四季桂收束视线，整个空间在左右及前后的方向上都产生了不错的空间效果。

植物名称：洒金桃叶珊瑚
叶片较大，色彩艳丽，叶片上有斑驳的金色，枝繁叶茂，因其耐阴的特点，适宜栽植于疏林下，阴湿地较常栽植。

植物名称：麦冬
百合科多年生草本，成丛生长，花茎自叶丛中生出，花小，浅紫或青兰色，总状花序，花期7～8月。

植物名称：杜英
常绿乔木，属于速生树种。叶落前，红叶随风飘摆，十分美观。冬季至早春时节，树叶变为绯红，满树树叶，红绿相间，观赏价值高，可作景观树。

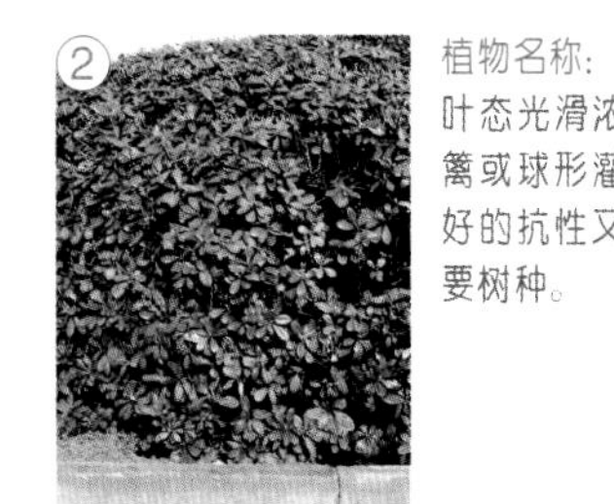

植物名称：海桐
叶态光滑浓绿，四季常青，可修剪为绿篱或球形灌木用于多种园林造景，而良好的抗性又使之成为防火防风林中的重要树种。

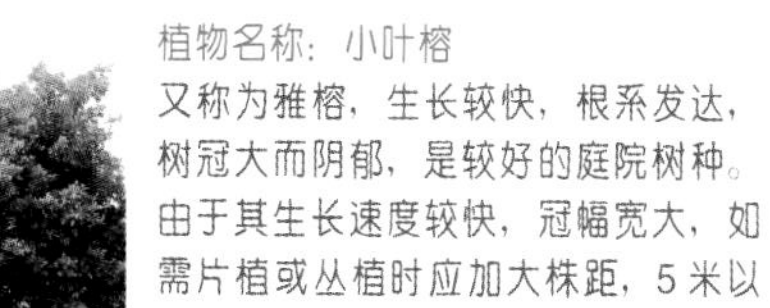

植物名称：小叶榕
又称为雅榕，生长较快，根系发达，树冠大而阴郁，是较好的庭院树种。由于其生长速度较快，冠幅宽大，如需片植或丛植时应加大株距，5米以上较适宜。

杜英 + 桂花 + 红枫 - 海桐 + 红花檵木 + 金叶假连翘

杜英与桂花及红枫等形成的植物屏风在一定程度上形成了湖水对岸的观景平台的景观焦点，并划分了山坡与湖面空间，增加了景观层次；山坡上的草坪绿得如此纯粹，为其上的地被色带提供了背景，深浅绿色与紫红色红花檵木之间的变化，使得这山坡像是流淌中的绿色河流。

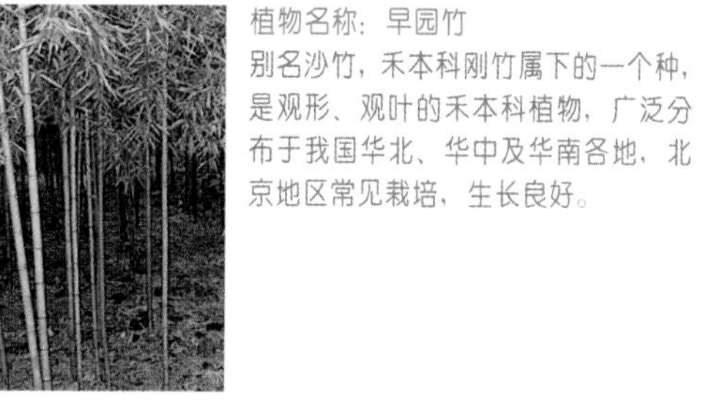

植物名称：早园竹

别名沙竹，禾本科刚竹属下的一个种，是观形、观叶的禾本科植物，广泛分布于我国华北、华中及华南各地，北京地区常见栽培，生长良好。

植物名称：夏鹃

常绿灌木，属于杜鹃的一种，花期为初夏时节，花色美丽，较耐阴，可栽植于林下，营造乔灌草多层次景观。

植物名称：黄金榕

常绿乔木或灌木，树冠广阔，树干多分枝，叶有光泽，嫩叶呈金黄色，老叶则为深绿色，是园林造景中常用的景观植物。

植物名称：红花檵木

常绿小乔木或灌木，花期长，枝繁叶茂且耐修剪，常用于园林色块、色带材料。与黄素梅等搭配栽植，观赏价值高。

植物名称：混播草坪

⑥ 植物名称：四季桂

木犀科桂花的变种，花色稍白，花香较淡，因其能够一年四季开花，故被称为四季桂。是园林绿化的优良树种。

⑦ 植物名称：金叶假连翘

常绿灌木，植株较矮小，分支多，密生成簇。广泛应用于我国南方城市街道绿化、庭院绿化。

⑧ 植物名称：红枫

其整体形态优美动人，枝叶层次分明飘逸，广泛用作观赏树种，可孤植、散植或配植，别具风韵。

⑨ 植物名称：银海枣

银海枣是棕榈科刺葵属的植物，其具有耐炎热、耐干旱、耐水淹等习性，其树形高大挺拔，树冠似伞状打开，可与其他棕榈科植物搭配栽植营造热带风情景观。

⑩ 植物名称：桂花

木犀科木犀属常绿灌木或小乔木，亚热带树种，叶茂而常绿，树龄长久，秋季开花，芳香四溢，是我国特产的观赏花木和芳香树，主要品种有丹桂、金桂、银桂、四季桂。

银海枣＋香樟＋桂花－金叶假连翘＋鹅掌柴－混播草坪＋一品红

此处为景观通廊，景亭与周边的草坪一起界定了此空间的休闲功能，四棵银海枣强调了景亭的主景功能，而收放自如的疏林草坪空间则增强了这里的休闲特征，使人走到此能放慢脚步，稍适休憩。

植物名称：鹅掌柴
是较常见的盆栽植物，也可栽植于林下，营造不同层次的园林景观。

植物名称：一品红
顶叶颜色火红艳丽且叶片大，开花期间恰逢节日，有浓厚的喜悦氛围。可栽植在花钵内或花坛中，装饰效果好，现较多作为盆栽，节假日期间作为点缀元素进行摆花展示。

植物名称：香樟
常绿大乔木，树形高大，枝繁叶茂，冠大荫浓，是优良的行道树和庭院树。香樟树可栽植于道路两旁，也可以孤植于草坪中间作孤赏树。

植物名称：三色堇
二年或多年生草本植物，每花通常有紫、白、黄三色，花期4～7月，布置春季花坛的主要花卉之一。

植物名称：细叶十大功劳
叶形奇特，花朵黄色，可以栽植于墙下做基础种植，因叶片较尖锐，也可栽植于庭院外围作绿篱使用。

植物名称：紫荆
落叶小乔木或灌木，具有耐寒性，耐修剪能力较强，花先于叶开放，簇生于枝干上，花期一般在春季，花色鲜艳，盛花期时，有一种花团锦簇，枝叶扶疏的景象。紫荆可列植于操场等地，也可孤植于庭院中，更有家庭美满的寓意。

植物名称：春羽
多年生常绿草本观叶植物。叶片大，叶形奇特，叶色深绿，且有光泽。是较好的室内观叶植物。由于其较耐阴，可栽植于比较阴郁的环境。

香樟＋银海枣＋桂花＋紫荆－红花檵木球＋海桐＋细叶十大功劳＋金叶假连翘＋红花檵木

木栈道沿山体拾级而上，穿行在丰富多样的植物丛中。上层乔木以常绿为主，保证了大面积山体景观上的绿量，而中下层植物则可通过色叶及季相变化来丰富视觉效果，红花檵木作为色叶植物四季保持紫红色，海桐在春季开出白花，细叶十大功劳在秋季黄花串串，而紫荆则是冬去春至时满树紫花，可谓四季有景。

②
③

1

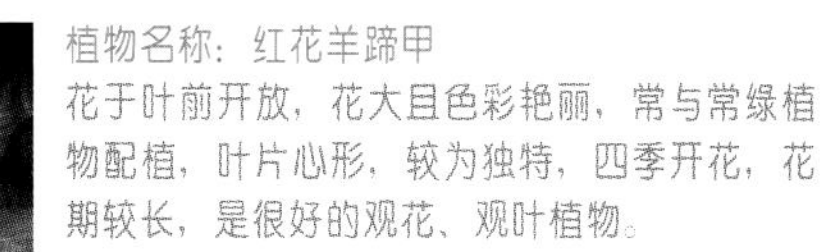

植物名称：红花羊蹄甲

花于叶前开放，花大且色彩艳丽，常与常绿植物配植，叶片心形，较为独特，四季开花，花期较长，是很好的观花、观叶植物。

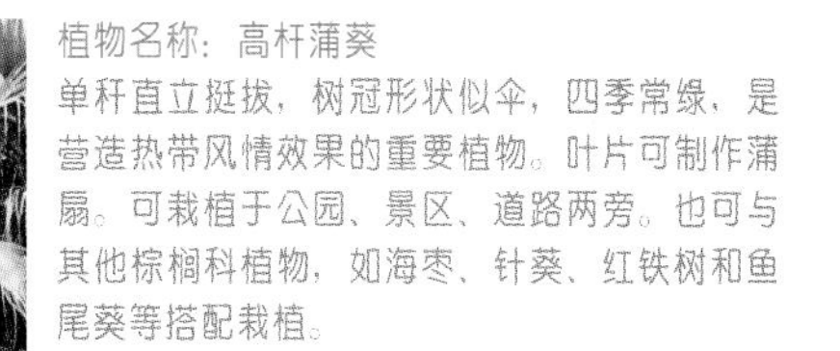

植物名称：高杆蒲葵

单杆直立挺拔，树冠形状似伞，四季常绿，是营造热带风情效果的重要植物。叶片可制作蒲扇。可栽植于公园、景区、道路两旁。也可与其他棕榈科植物，如海枣、针葵、红铁树和鱼尾葵等搭配栽植。

重庆金科开县财富中心

设计公司：深圳市赛瑞景观工程设计有限公司
项目地点：重庆市开县
项目面积：9300 平方米

重庆位于北半球副热带内陆地区，春早气温不稳定，夏长酷热多伏旱，秋凉绵绵阴雨天，冬暖少雪云雾多。年平均气温为 18℃，年降雨量为 1000～1100mm，雨季集中在夏秋，尤以夜雨为多。秋末至春初多雾，年均雾日在 68 天左右。月均日照在 230 个小时左右，土地类型多样，分为黄壤、黄棕壤等。（摘自重庆工商大学学报，重庆市住宅区的植物配置研究，幸宏伟）

项目内植物配置

乔木层：桂花、天竺桂、杨梅、银杏、朴树、茶条槭、白桦、老人葵、国槐、广玉兰、皂荚、香樟、乐昌含笑、白玉兰、榆树、桢楠、红花羊蹄甲、合欢、栾树、银海枣、法国梧桐、杜英、五角枫、樱花、石榴、紫玉兰、紫薇、含笑、碧桃、马褂木、大叶榕等

灌木层：海桐、大叶黄杨、黄金香柳、金叶女贞、四季桂、含笑、百合竹、彩虹马尾铁、紫叶李、木槿、垂丝海棠、榆叶梅、山茶、栀子花、红叶石楠、南天竹、千屈菜、金边六月雪、红花檵木、美人蕉、双加黄槐等

地被层：鹅掌柴、春鹃、夏鹃、银边草、凤仙花、萱草、黄鸟蕉、洒金柏、金焰绣线菊、大花金鸡菊、波斯菊等

项目位于重庆市开县，紧邻各大主要道路，道路宽阔，交通条件极为便利。北临汉丰湖及湿地公园，自然资源丰富，文化底蕴深厚。设计师用“自然、风情”的景观为居住者打造“品质、舒适”生活环境。着意强调自然社区景观的塑造，将绿地融合到每一个庭院环境中，达到“均好性”，综合平衡室外环境的软硬表面以及建筑物与植物材料的选择，把基地内人工元素和自然元素的次序性、效率性、审美性以及生态等敏感性进行组织与结合，造就生态环境下良好的人居环境。

人群集聚的商业广场：商业广场位于两条市政路交叉口，也是进入示范区内院的必经之地。铺装上采用条形和圆形的结合，绿化上主要用一圈景观树围绕广场旱喷。跳跃的水柱，通过声音、色彩、形状吸引人群，使商业氛围活跃起来。

人为分隔景观空间的部分：用起伏的草坪与浪漫花溪营造一种开敞空间，远处的草坪上点缀白桦林，增加视觉的阻隔，将空间由放变收。利用蜿蜒的花溪来分隔空间，以及植物突显的层次与色彩来增加视觉上的层次感。

在聚集逗留的观景点方面：布置如花溪小桥边的丛丛白桦林，又如静谧小平台里的阳伞座椅。再配以温馨小景。如主入口进入后便是自由弧线形木平台，平台分两级，上层有几丛带微地形的景观树，下层是茶吧，木平台与草坪相接处，设计有船形的花箱，还有白鹤雕塑随意行走于花丛之中，所有的元素都体现出这块空间的精致与惬意。

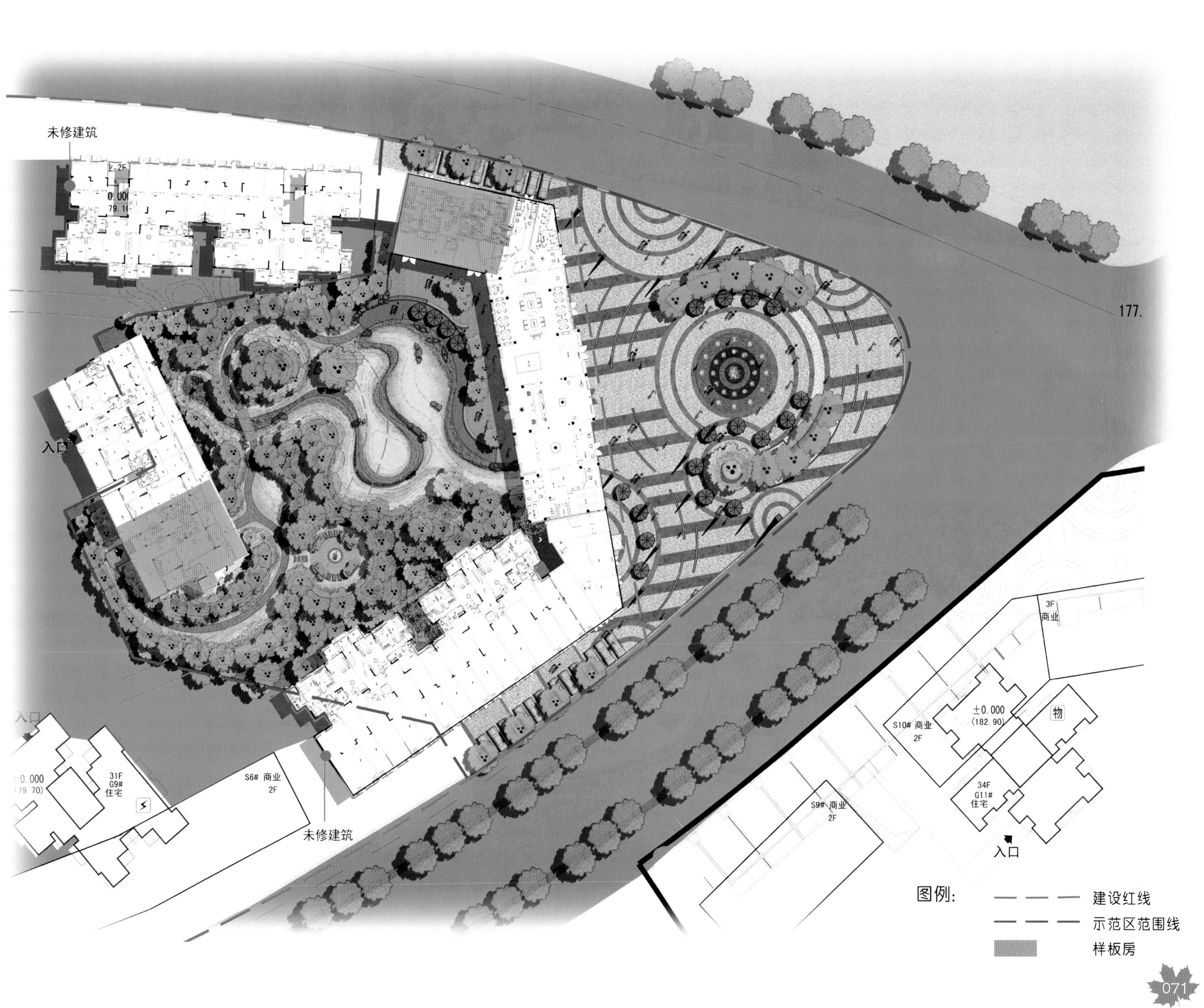

未修建筑
177.
入口
未修建筑
S6# 商业 2F
31F G9# 住宅
±0.000 (179.70)
S9# 商业 2F
S10# 商业 2F
±0.000 (182.90)
34F G11# 住宅
物
3F 商业
入口
图例:
建设红线
示范区范围线
样板房

植物设计构思及分区

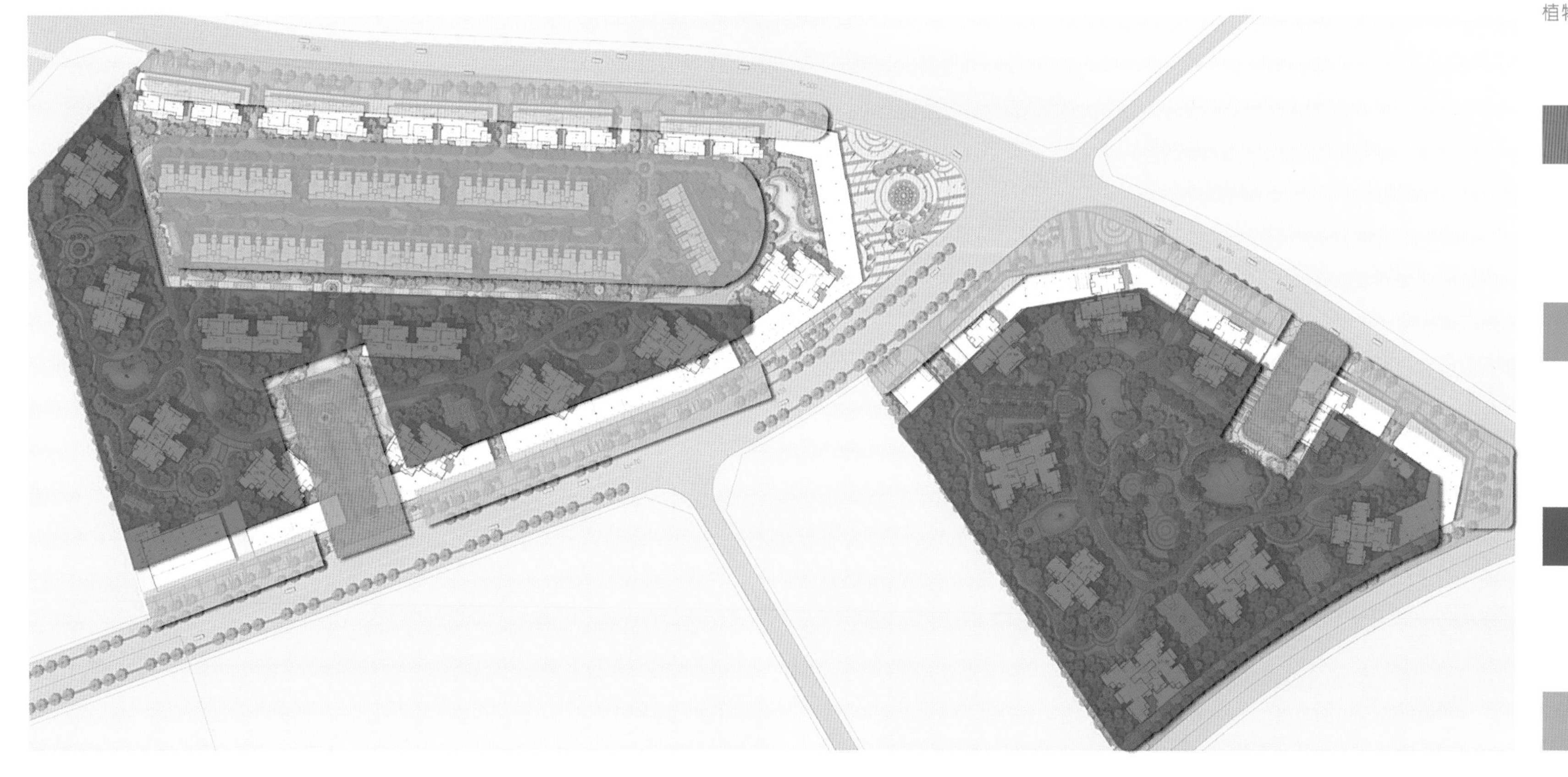

植物景观分区图例

主入口景观种植区

洋房别墅景观种植区

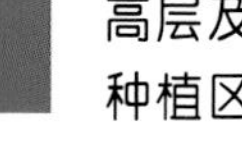
高层及小高层景观种植区

商业街景观种植区

植物设计遵循以下原则:

(1) 人性化原则。着力于营造宜人的环境，以人为本。通过植物营造合适的户外空间，为居民提供活动的理想之地。

(2) 延续性原则。注重生态延续，根据不同的功能组团和地形划分出生态密林、生态疏林、草地等不同植物类型区。

(3) 季节性原则。考虑季节因素，种植突显四季的变化，每个分区体现不同的植物景观，反映出"四季有绿，四季有花"的季节特色。

配置手法上植物设计采用大手笔、大体量、多层次的自然生态配置手法为主。

局部采用规则、大气的植物配置手法。

配置效果突出自然生态特色，力求达到四季有景可赏、有花可看，达到提高生态含量的目的。采用多层次种植乔木、灌木、地被植物结合内部地形形成丰富的景观层次和起伏变化的林冠线。

结合景观的北美托斯卡纳风格，植物设计以其为基础，结合当地的植物特点，合理搭配，突出层次和色彩的配置，营造一个"优雅而尊贵，浪漫而自然"的人居环境。

结合各区不同的景观内涵与特色，营造不同的特色景观；并结合小品、廊架、水景、体现风格特色的花钵等，营造出亮点景观。

植物搭配遵循以下原则:

(1) 适地适树。选择适合重庆开县地区种植的乡土植物为主，在庭院区适当配置大片同种植物，如白桦等来营造特色景观。

(2) 色彩搭配。常绿植物搭配色叶植物，利用植物的四季景观特色，讲究"春花、夏绿、秋叶、冬干"，通过合理配植，达到四季有景；用色彩艳丽的花灌木和草本花卉渲染热情的生活氛围。

(3) 层次搭配。采用大乔木＋中乔木＋灌木＋地被＋草坪的多层次组团配置，商业街和商业广场多采用乔木＋地被、花境的通透式配置。

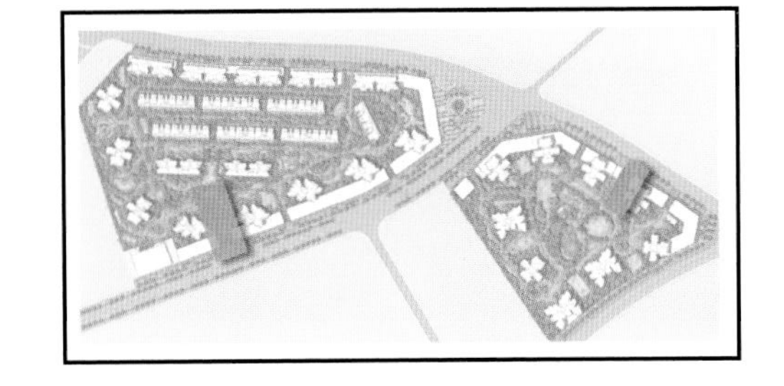

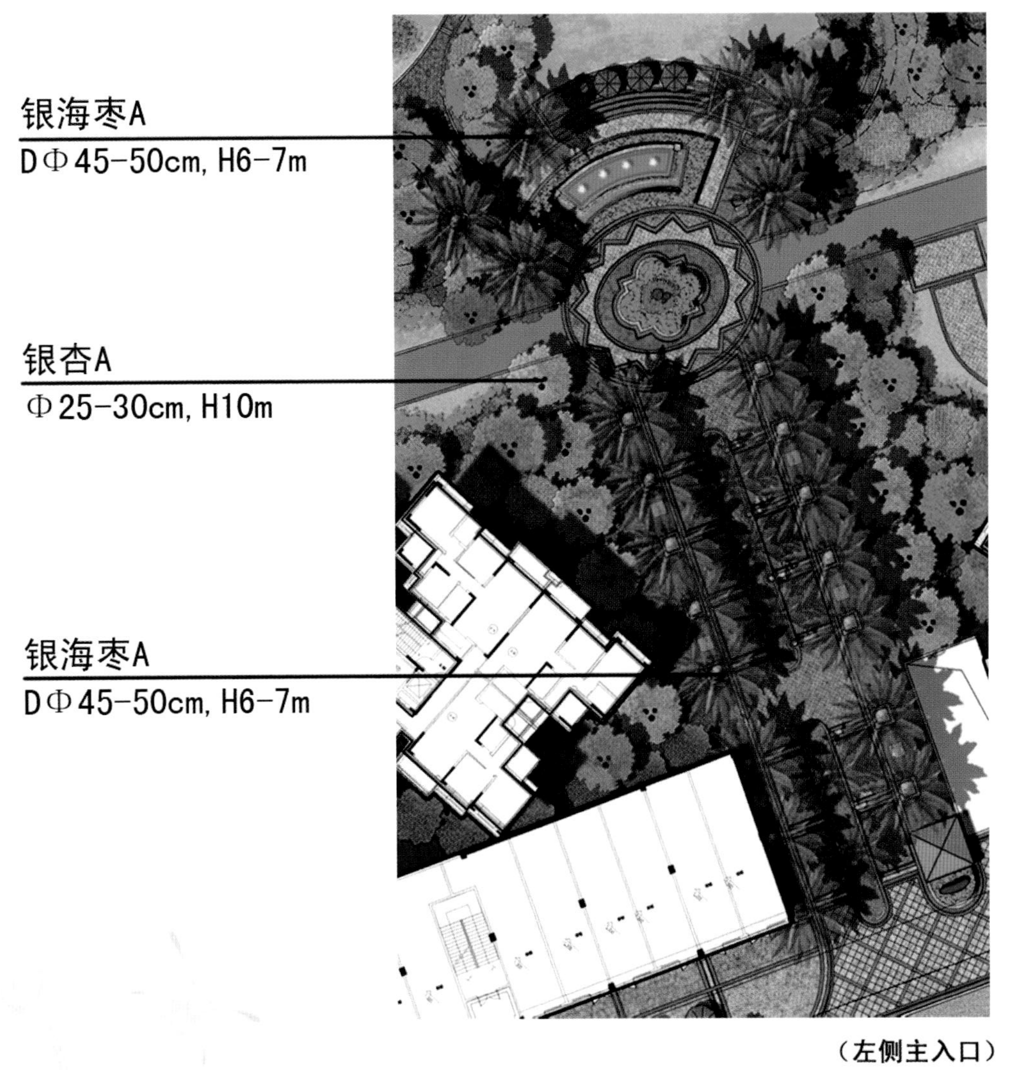

（左侧主入口）

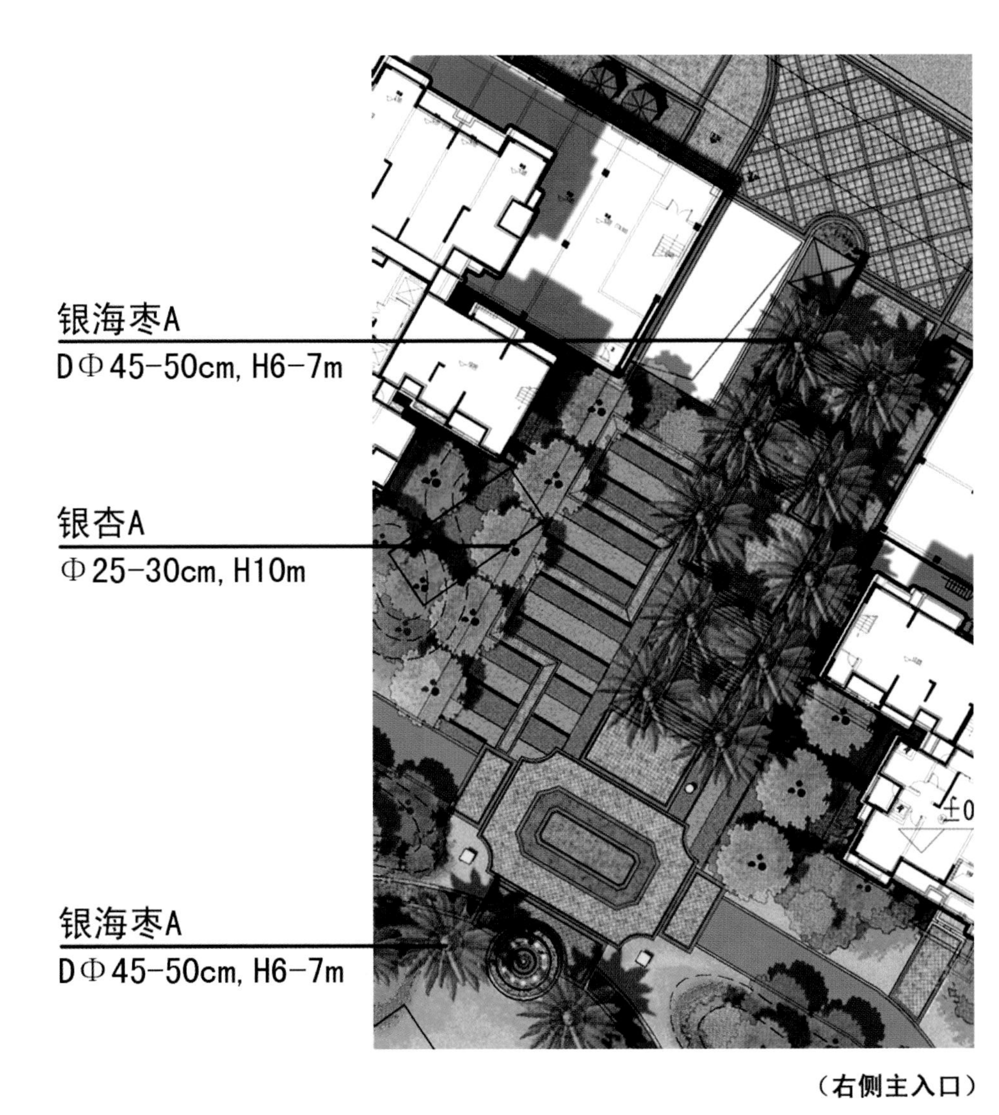

（右侧主入口）

主入口景观种植区

植物景观突出“华丽尊贵”特色。该区域通过整齐统一的景观大树列植布置，搭配修剪灌木和时花，突出轴线景观，营造简洁大气的景观效果，体现尊贵、华丽的入口氛围。

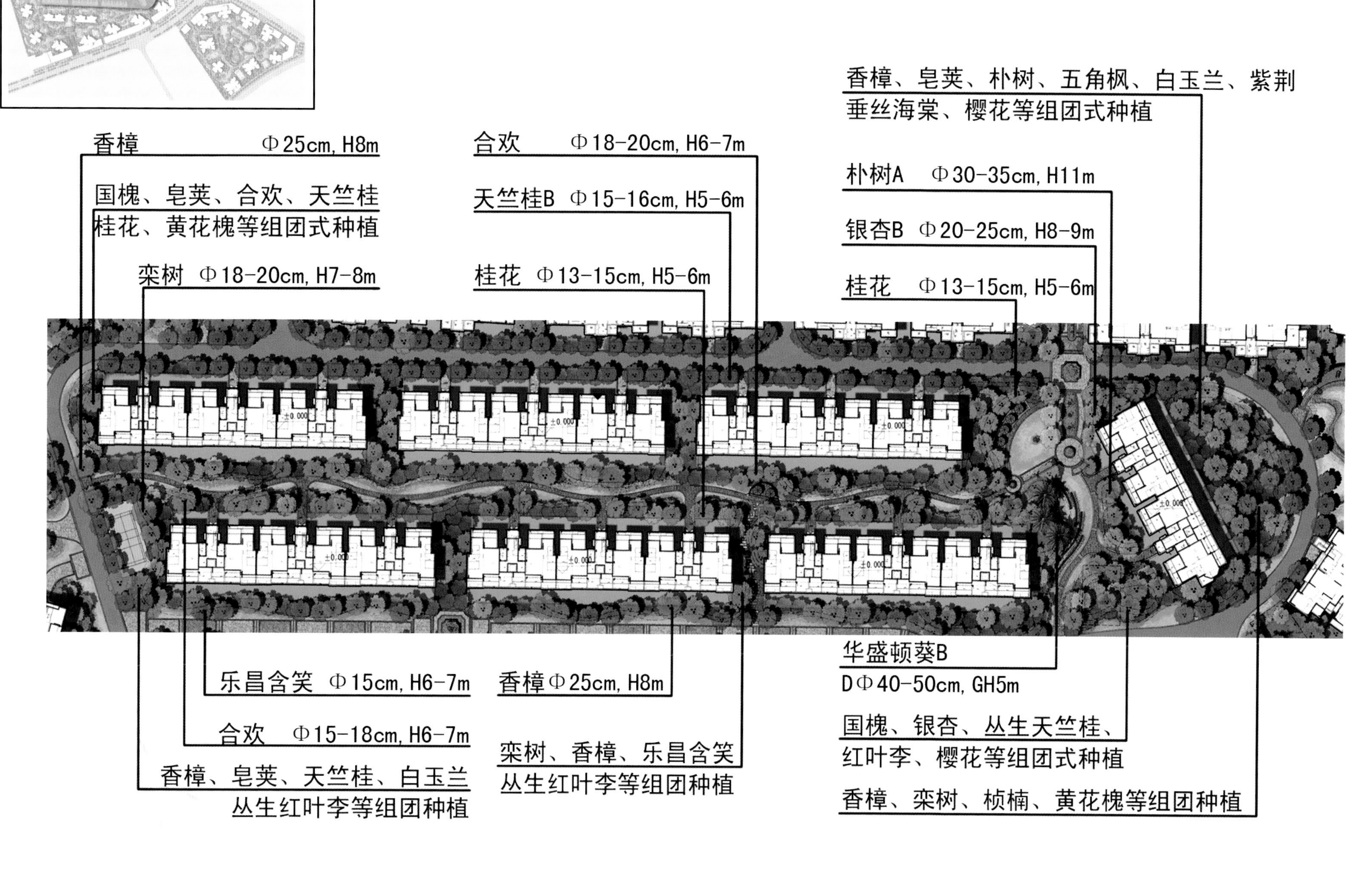

洋房别墅景观种植区

植物景观突出“精致典雅”特色。植物设计重视细节搭配，以精致为产，注重多层次结合，侧重住宅的私密性设计，利用植物营造开敞的公共空间及相对围合的静谧空间，通过枝叶开展、树姿优美的乔木及色彩丰富的花灌木的运用，营造出托斯卡纳景观风格中温馨、亲切的植物景观空间。

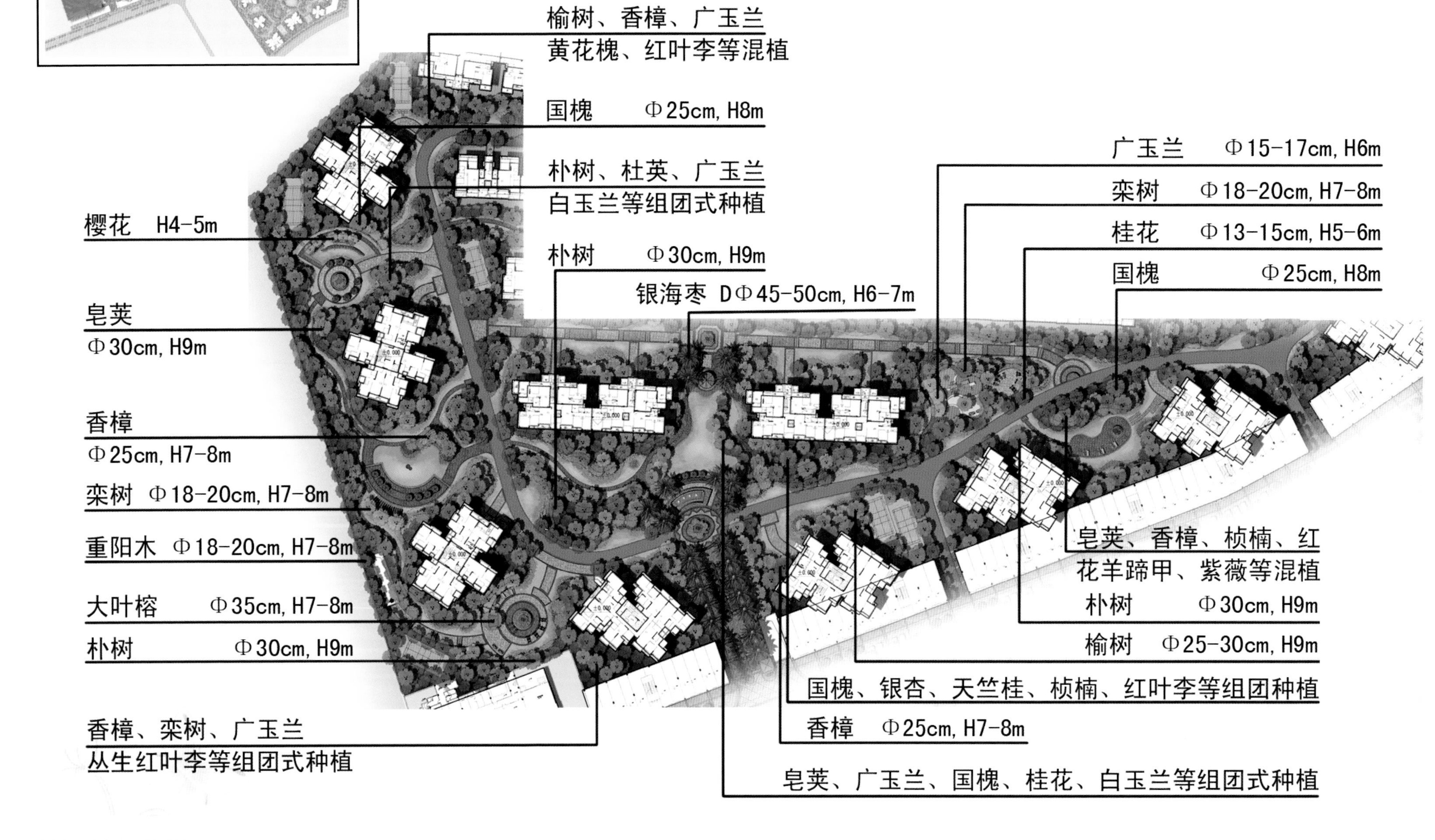

高层及小高层景观种植区

植物景观突出“生态休闲”特色，注重绿化整体感设计。

乔木选择皂荚、香樟、朴树为骨架树，常绿植物广玉兰、天竺桂、杜英为基调，中下层运用丰富的观花植物形成四季变化景观，增强观赏性。植物景观结合微地形和开放大草坪为小区居民营造休憩、娱乐、交流的活动空间。

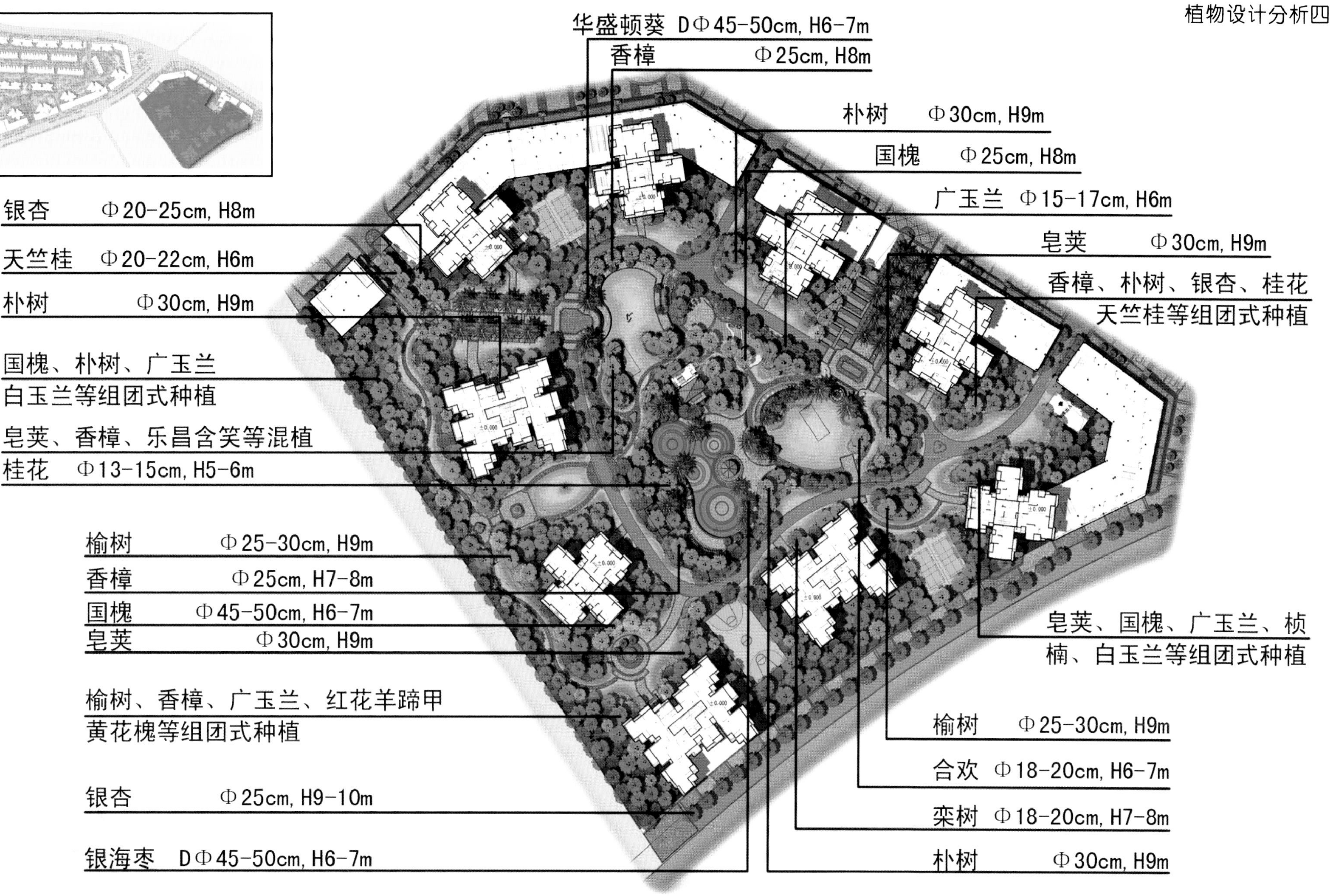

中心活动空间景观种植区

植物景观突出“生态休闲”特色，注重绿化整体设计。乔木选择以皂荚、香樟、朴树为骨架树，常绿植物广玉兰、天竺桂、杜英为基调，中下层运用丰富的观花植物形成四季变化景观，增强观赏性。植物景观结合微地形和开放大草坪为小区居民营造休憩、娱乐、交流的活动空间。

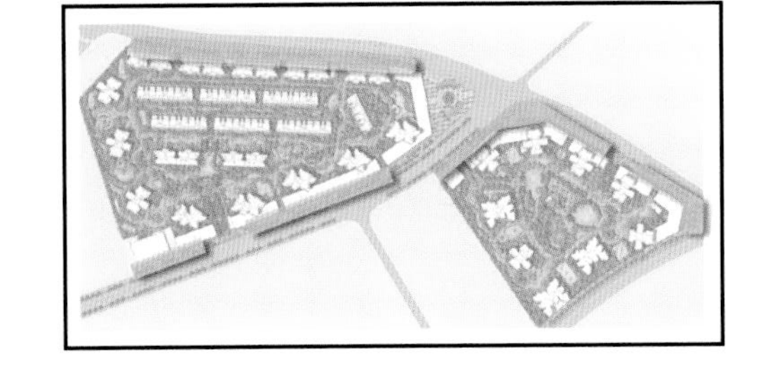

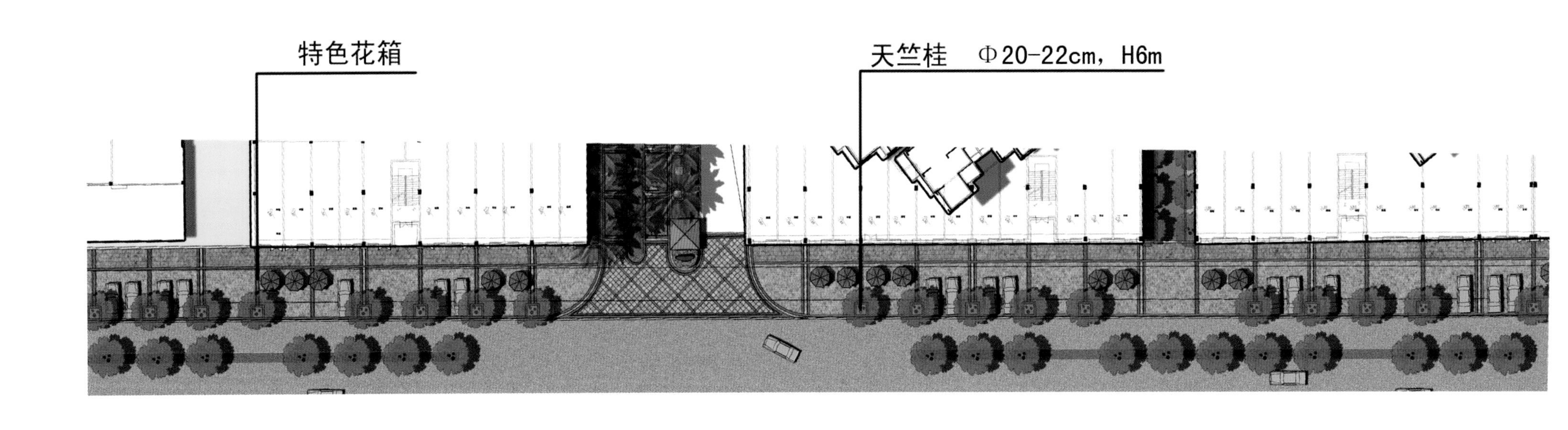

商业街景观种植区

植物景观突出“休闲娱乐”特色。选用高大乔木和鲜活的花卉为主要景观元素为商业区游人提供视线开阔并具遮阴效果的商业活动空间。在行人道路两侧，以常绿乔木作为道树来界定道路与商业街区，并减少噪音污染。

①植物名称：皂荚
落叶乔木，树干粗壮，可栽植于庭前屋后，有一定园林绿化价值，经济效益更为重要。

②植物名称：橡胶榕
属于热带树种，耐寒能力差，喜温暖湿润的气候环境，可以作庭荫树栽植于公园和庭院中。

③植物名称：天竺桂
常绿乔木，树姿优美，树冠生长快，易成绿荫，观赏价值高而病虫害少，可用于做行道树及庭荫树。

④植物名称：桂花
木犀科木犀属常绿灌木或小乔木，亚热带树种，叶茂而常绿，树龄长久，秋季开花，芳香四溢，是我国特产的观赏花木和芳香树，主要品种有丹桂、金桂、银桂、四季桂。

1
2
3
4
5
6
7

植物名称：七彩马尾铁
三色马尾铁的变种，叶色更丰富，中间黄绿而两边红色，宛若彩虹。

植物名称：三角梅
常绿攀援灌木，又被称为九重葛或毛宝巾。由于其花苞叶片大，色泽艳丽，常用于庭院绿化。

植物名称：百合竹
常绿灌木，叶片碧绿有光泽，是优良的观叶植物。

植物名称：黄金香柳
常绿乔木，主干直立，枝条密集且柔软细长，也被称为千层金。千层金金黄色的叶片观赏价值颇高，树形优美，色彩金黄鲜艳，叶片芳香宜人，适宜与各种树种配置，栽植在常绿树种之中可体现绿意的渐浓渐浅，为绿色增加不同层次的感觉。

植物名称：樱花
蔷薇科樱属植物的统称，花色繁多，花姿优美，是庭院景观绿化中较常用的树种。樱花常与浪漫联系在一起，盛花期时，大片的樱花树林宛如粉色的樱花花海，容易营造浪漫、舒缓的景观。作为孤赏树栽植于庭院草坪之中也别有风味。

植物名称：杜鹃
常绿灌木。品种丰富，花色多，是理想的植物造景材料。可栽植于林下营造花卉色带。

植物名称：夏堇
一年生草本，株形整齐紧密，花有多种颜色，花期长，常用于作花带或种于花坛中，由于一二年生花卉维护成本较高，景观中可多考虑使用多年生具同样观赏价值的花卉。

植物名称：鹅掌柴
是较常见的盆栽植物，也可栽植于林下，营造不同层次的园林景观。

樱花＋四季桂－黄金香柳＋海桐＋大叶黄杨＋百合竹＋彩虹马尾铁＋三角梅－夏堇＋鹅掌柴＋银边草＋虎尾兰

此处需要营造欲扬先抑的夹景效果，在园路两侧做微地形收缩空间，樱花斜栽，以便其枝叶相抱，中层用枝叶茂密的四季桂作为背景，中下层是常绿的海桐球以及嫩绿的百合竹、黄绿的黄金香柳、七彩的马尾铁、变叶木，下层则用夏堇作为地被，季相丰富。

植物名称：大叶黄杨
是一种温带及亚热带常绿灌木或小乔木，因为极耐修剪，常被用作绿篱或修剪成各种形状，较适合于规则式场景的植物造景。

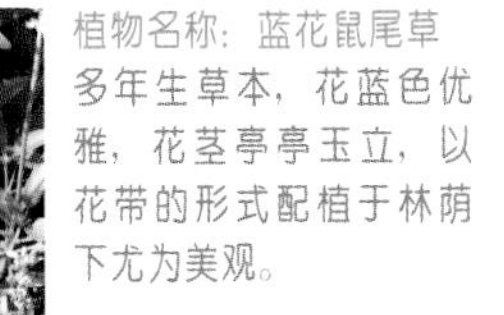

植物名称：蓝花鼠尾草
多年生草本，花蓝色优雅，花茎亭亭玉立，以花带的形式配植于林荫下尤为美观。

植物名称：银边草
多丛植或者栽植于山石旁起到点缀作用。

植物名称：茶条槭
落叶大灌木或小乔木，夏季翅果粉红，秋季叶红，观赏性佳，宜孤植、列植或修剪成绿篱。

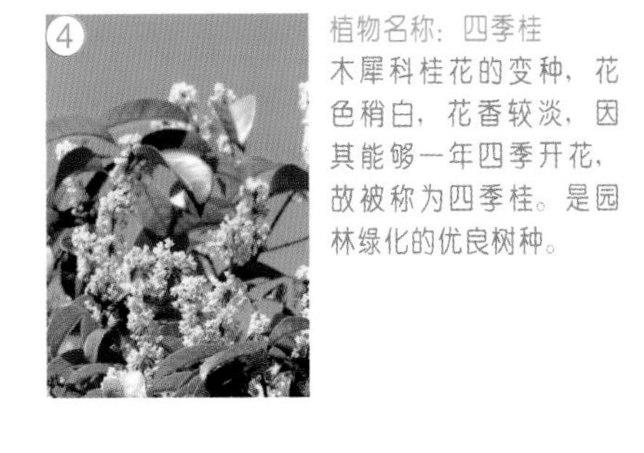

植物名称：四季桂
木犀科桂花的变种，花色稍白，花香较淡，因其能够一年四季开花，故被称为四季桂。是园林绿化的优良树种。

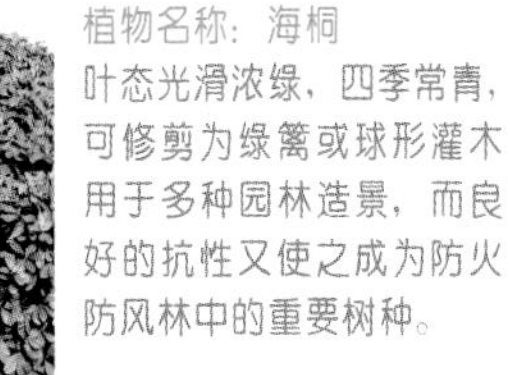

植物名称：海桐
叶态光滑浓绿，四季常青，可修剪为绿篱或球形灌木用于多种园林造景，而良好的抗性又使之成为防火防风林中的重要树种。

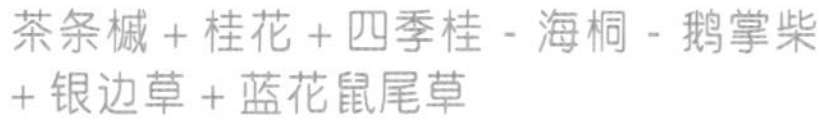

茶条槭 + 桂花 + 四季桂 - 海桐 - 鹅掌柴 + 银边草 + 蓝花鼠尾草

园路两侧用丛生茶条槭夹景，丛生乔木因枝干多且分枝点低，在人视点的观赏效果较单杆乔木好，茶条槭夏果粉红可爱，秋叶红艳，蓝花鼠尾草夏秋季花量大，蓝色花卉在夜间庭院灯下会展现出阳光中所没有的魅力。

④
⑤

白桦 + 桂花 + 四季桂 - 海桐 + 花叶美人蕉 + 虎尾兰 - 凤仙花

开阔的疏林草地空间打开了建筑前休闲平台的视线，凤仙花带仿佛由白桦林所代表的山林中流淌而出，置石与花叶美人蕉静置于花带旁，就像是溪流中不经意的岩石，此情此景，怎能不触动人心。

植物名称：白桦
落叶乔木，枝叶扶疏，姿态优美，树干修直，洁白雅致，可孤植、丛植于庭园、公园之中或成片栽植，形成美丽的风景林。

植物名称：花叶美人蕉
多年生直立草本，枝叶茂盛，叶片色彩斑斓美丽，花大色艳，花色多，花期长，适应力强，养护管理较为粗放，经济实用，常应用于道路分车道、花坛、水边以及厂区附近。

植物名称：虎尾兰
叶片宽大，叶色翠绿，有多个品种，如金边虎尾兰等，叶形、叶色均具有观赏价值，适用于室内、室外景观中。

植物名称：凤仙花
花色丰富，有红色、淡紫、粉色等多种颜色，花形秀丽美艳。可用来点缀和装扮花坛、花丛等，丰富花坛景观的植物种类和色彩。

朴树 + 白桦 + 桂花 + 樱花 + 四季桂 - 海桐 + 百合竹 - 凤仙花 + 夏堇

此角度可感受到植物空间中的收放关系，走入园路前是开阔的“放”空间，园路两侧则是“收”空间，空间的变化暗示了景观的层次与设计师希望传达的观景效果，园路入口的四季桂体量适宜，造型饱满，四季浓绿，很好地暗示了此处空间的转换。

植物名称：夏堇
一年生草本，株形整齐紧密，花有多种颜色，花期长，常用于作花带或种于花坛中，由于一二年生花卉维护成本较高，景观中可多考虑使用多年生具同样观赏价值的花卉。

植物名称：朴树
落叶乔木，树冠宽广，孤植或列植均可，且其对多种有害气体有较强抗性，也常用于工厂绿化。

孩童顽皮
悉心照顾

茶条槭 + 白桦 + 朴树 + 四季桂 - 非洲茉莉 - 凤仙花

此处景观以休闲平台结合疏林草地，整体空间开阔，休闲平台上用秋色叶的丛生茶条槭作为点景树，平台边缘是饱满的红色凤仙花收边，花带由大草坪中流淌而出，草坪边缘群植白桦，秋叶变黄，与白色的树干形成独特的景观，与薰衣草或蓝花鼠尾草搭配是地产景观中常用的配植手法。

植物名称：非洲茉莉
常绿小乔木或灌木，耐修剪。

植物名称：罗汉松
为常见景观树种。由于其针叶形状独特，树形奇异，常被用来作独赏树、盆栽树种和花坛花卉。罗汉松树形古朴风雅，多在寺庙内常见，现也常用于大厅、中庭对植或孤植。与假山、湖石相配种植可以营造中式庭院风味。

植物名称：变叶木
灌木或小乔木，叶色奇特，各品种间色彩及叶形差异大，通常用于营造热带景观效果。

植物名称：龙血树
常绿小乔木，树姿美观，富有热带特色。可与棕榈科其他植物配植营造热带风情效果，也可群植于草坪。

植物名称：银杏
树形优美，树干高大挺拔，叶形奇特美丽，叶色秋季变为金黄色，是优良的行道树和庭院树种。

银杏 + 茶条槭 + 四季桂 + 杨梅 - 黄金香柳 + 大叶黄杨 + 海桐 + 彩虹马尾铁 - 变叶木 + 虎尾兰 + 夏鹃 + 长寿花

作为社交空间，此处营造了较为热闹的氛围，如采用时花花箱、花灌木及地被来丰富空间色彩，四周植物的围合保证了空间的相对独立性，主景乔木银杏，树形高大挺拔，与两侧也是秋色叶的茶条槭形成秋季的观赏面，中下层主要以多种色彩的灌木球结合地形来围合，空间整体感觉较为美观舒适。

1

杨梅 + 四季桂 - 龙血树 + 大叶黄杨 - 变叶木

此空间为休闲小空间，可选择体量宜人、色彩丰富、质感亲切的植物，杨梅是常见的景观果树，果实成熟时满树红果，甚为可爱，四季桂四季开花，芳香宜人，变叶木则是色彩斑斓，使得此处空间带来了较为丰富的景观感受。

镇江万科蓝山

主创设计师：深圳市赛瑞景观工程设计有限公司
项目地点：江苏镇江
项目面积：333,200 平方米

镇江市为北亚热带季风气候，具有四季分明，温暖湿润，热量丰富，雨量充沛的特点，气候条件比较优越，但有时有气象灾害。市区全年无霜期 239 天，市属四县的全年无霜期分别为扬中 227 天，丹阳 224 天，句容 229 天，丹徒 230 天。市区年摄氏零度以上积温 5631.4℃，各县年摄氏零度以上积温 5431.6～5526.5℃。市区年辐射总量 111.3 千卡 / 平方厘米，年平均相对湿度 76%。（摘自网络：百度文库，镇江气候条件）

项目内植物配置

乔木层：马褂木、枫香、朴树、银杏、无患子、红枫、黄连木、黄栌、悬铃木、乌桕、鸡爪槭、三角枫、水杉、七叶树、加拿大紫荆、北美漆树、红花檵木、侧桧、雪松、冷杉、龙柏、金钱松、刚竹、香樟、高杆女贞、杜英、广玉兰、桂花、黄连木、樱花、白玉兰、七叶树、合欢、杜仲、榉树、栾树、毛泡桐、苦楝、青桐、国槐、无患子、臭椿、垂柳、枫杨等

灌木层：木瓜海棠、木槿、碧桃、垂丝海棠、紫丁香、连翘、棣棠、梅花、木芙蓉、石榴、火棘、红枫、贴梗海棠、蜡梅、日本晚樱、西府海棠、紫薇、红玉兰、山茶花、丹桂、紫荆、夹竹桃、茶梅、红瑞木、红叶石楠、黄素馨、天目琼花、现代月季、桃叶珊瑚、栀子花、南天竹、云南黄馨等

地被和草坪：金叶女贞、八角金盘、锦带、金边黄杨、绣线菊、毛鹃、小丑火棘、法国冬青、亮绿忍冬、金丝桃、糯米条、三色堇等

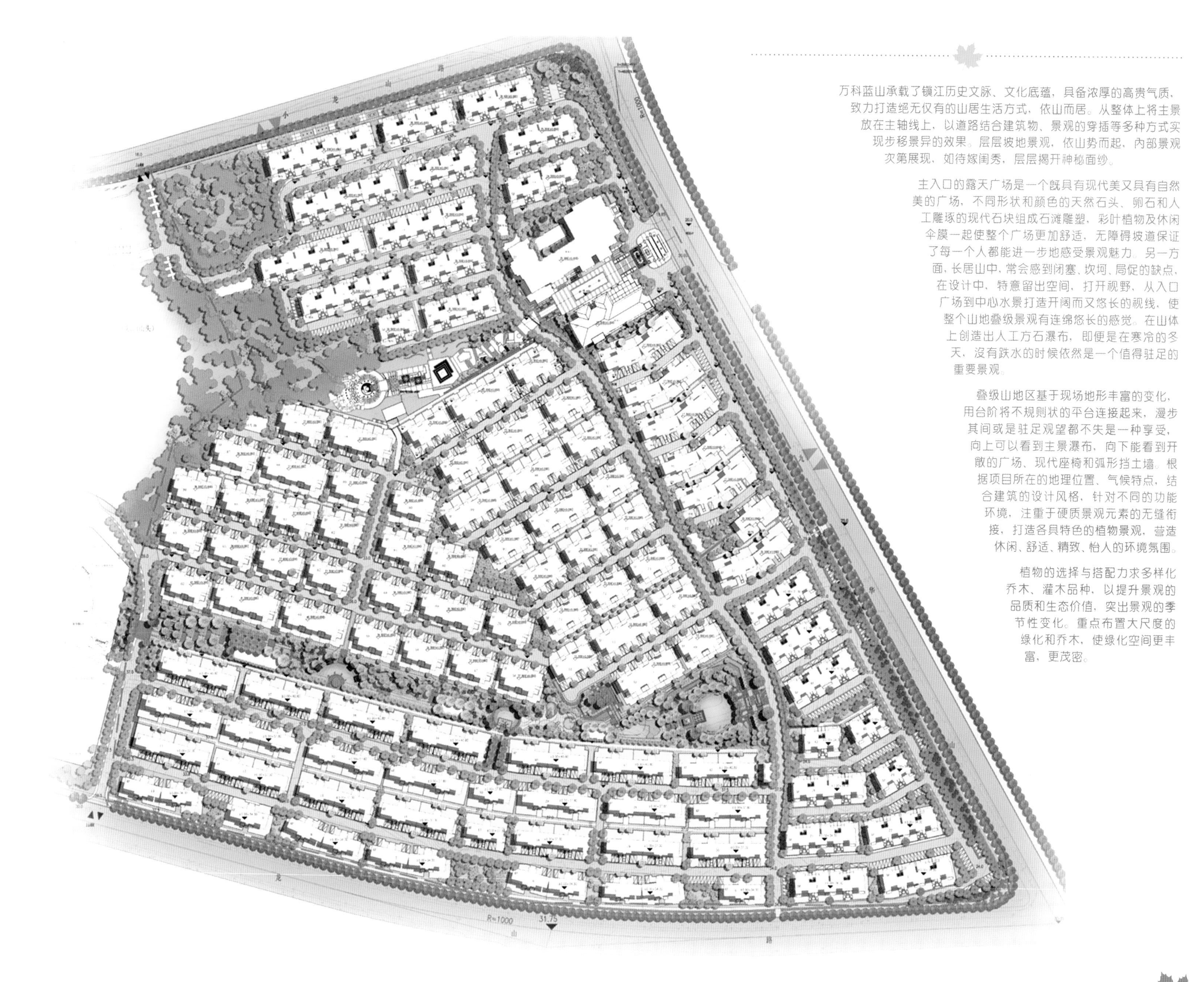

万科蓝山承载了镇江历史文脉、文化底蕴，具备浓厚的高贵气质、致力打造绝无仅有的山居生活方式，依山而居。从整体上将主景放在主轴线上，以道路结合建筑物、景观的穿插等多种方式实现步移景异的效果。层层坡地景观，依山势而起，内部景观次第展现，如待嫁闺秀，层层揭开神秘面纱。

主入口的露天广场是一个既具有现代美又具有自然美的广场，不同形状和颜色的天然石头、卵石和人工雕琢的现代石块组成石滩雕塑，彩叶植物及休闲伞膜一起使整个广场更加舒适，无障碍坡道保证了每一个人都能进一步地感受景观魅力。另一方面，长居山中，常会感到闭塞、坎坷、局促的缺点，在设计中，特意留出空间，打开视野，从入口广场到中心水景打造开阔而又悠长的视线，使整个山地叠级景观有连绵悠长的感觉。在山体上创造出人工方石瀑布，即便是在寒冷的冬天，没有跌水的时候依然是一个值得驻足的重要景观。

叠级山地区基于现场地形丰富的变化，用台阶将不规则状的平台连接起来，漫步其间或是驻足观望都不失是一种享受，向上可以看到主景瀑布，向下能看到开敞的广场、现代座椅和弧形挡土墙。根据项目所在的地理位置、气候特点，结合建筑的设计风格，针对不同的功能环境，注重于硬质景观元素的无缝衔接，打造各具特色的植物景观，营造休闲、舒适、精致、怡人的环境氛围。

植物的选择与搭配力求多样化乔木、灌木品种，以提升景观的品质和生态价值，突出景观的季节性变化。重点布置大尺度的绿化和乔木，使绿化空间更丰富，更茂密。

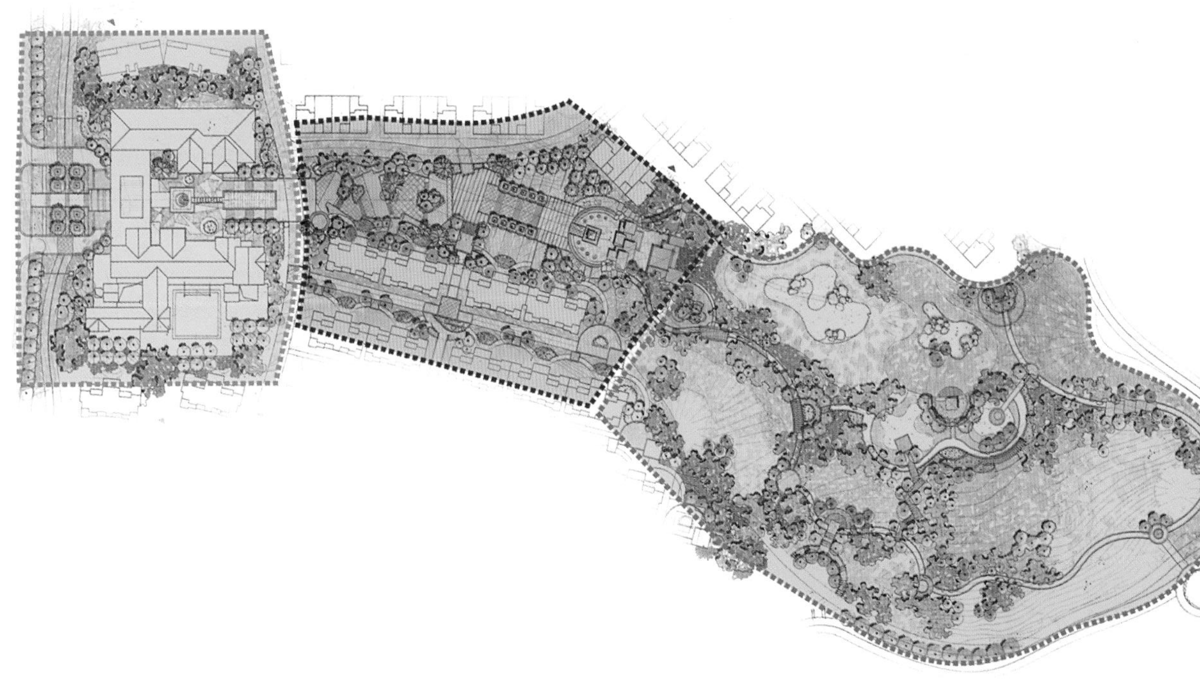

总体设计构思

根据本项目所在地理位置的气候特点，结合景观的设计风格，植物设计以自然、生态为理念，针对不同的功能环境，注重与硬景元素的无缝衔接，打造各具特色的植物景观，营造休闲、舒适、精致、怡人的环境氛围。

植物配置具备生态化、乡土化、景观化、功能化四大特点。植材的选择与搭配在尊重当地自然气候及人文景观的基础上，力求多样化的乔、灌木品种及丰富的群落层次，以提升景观品质和生态价值。优先选用具有特色的乡土树种，突出景观的季节性变化。配置应体现四季有景、三季有化的观赏效果。

充分运用形态树种：香樟、榉树、朴树、广玉兰等。

观花树种：合欢、白玉兰、樱花、海棠、桂花、紫薇等。

季相色叶植物：银杏、无患子、乌桕、枫香、鸡爪槭、南天竹等。

管理粗放，观赏期长的草本花卉：大花马齿苋、波斯菊、美人蕉、醉鱼草、鸢尾、萱草等。

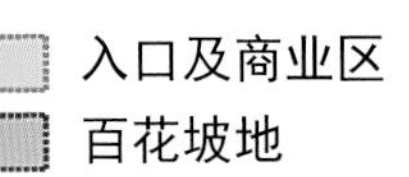

入口及商业区域

本区域以树形挺拔、树叶茂盛的风景树为主，自然或规则式组景，并适当运用大规格景观树点缀出入口的氛围，下层可用修剪整齐的彩叶灌木或色彩鲜艳的花卉，强调热烈、活跃的迎宾气氛。参考品种：银杏、香樟、榉树、广玉兰、金森女贞、红花檵木、时令花卉等。

在建筑周边可用自然式组团造景，选用观赏性强及季相变化丰富的树种，形成高低错落、层次丰富的特色林带，增加出入口及商业区域的气氛，并形成标志性景观。

参考品种：银杏、广玉兰、朴树、马褂木、白玉兰、枫香、梅花、红枫、紫薇等。

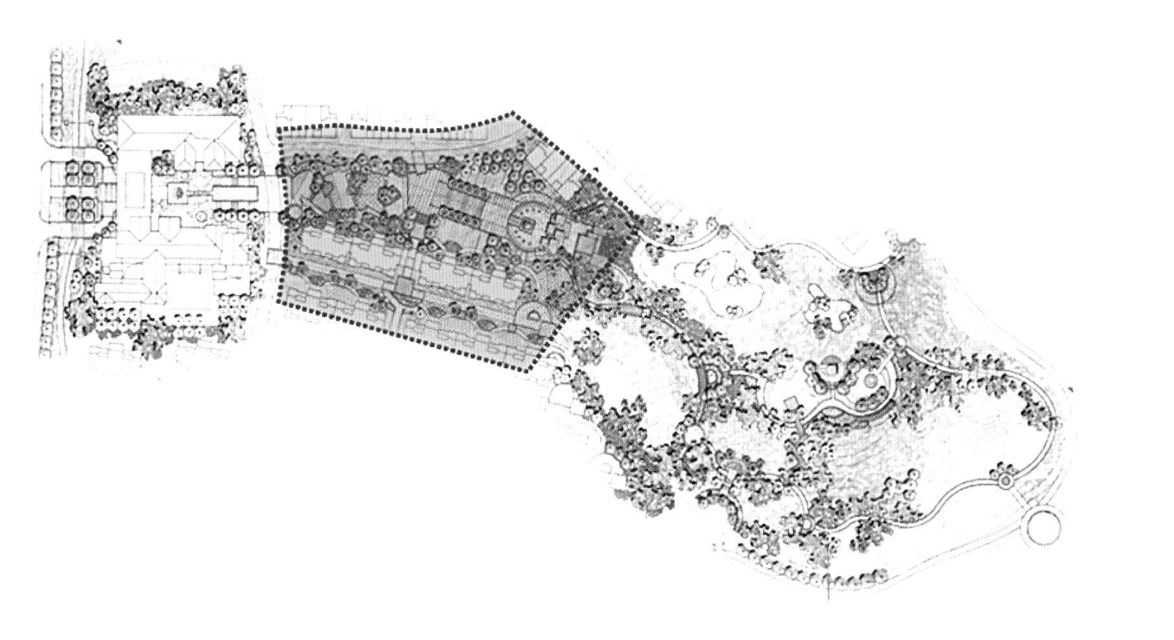

百花坡地

本区域植物依地势形成阶梯式花坛景观，可运用各种香花类植物营造别具特色的百花坡地景观。

在独立种植池内，可选用香樟、桂花、白玉兰、合欢、樱花等作为骨架树种，也可点缀迎春、丁香、榆叶梅、木槿、紫薇、石榴等四季开花的灌木。下层地被可运用丰富的草本花卉或小灌木组合形成观赏性极强的花坛、花境，使百花坡地成为整个小区景观的一大亮点。

阶梯式花坛周边的种植区域以自由式种植为主，作为花坛景观的背景林带，配置形式灵活多变、疏密有致，通过植物进行空间分隔和视线引导。在轴线端头的水景区域，其背景林带更注重丰富的群落层次和优美的林冠线，以突出和强调此视线焦点。

参考品种：乌桕、枫香、无患子、垂柳、雪松、鸡爪槭、香樟、苦楝等。

山体绿化

本区域的植物景观要注重生态性和观赏性并重，遵循生态自然的山水理念，对原有地形、地貌做最大程度的保留、延续与借势，优化植被。通过适当增加具有地域特征的树种和林下开花灌木来完善群落结构，营造自然合适的空间。植物选用充分考虑生态习性，以粗生、健壮、茂盛的植物为主要材料，充分模仿、营造自然生境，自然群落，真正体现自然生态的造园理念。

植物配置以群落组合为主，疏密有致，有丰富的季相变化。部分区域可孤植观赏性强的大树点景，在草坪大空间的基础上，以植物结合地形起伏分隔空间，注意透景线，林冠线的变化。

参考品种：女贞、广玉兰、黄连木、悬铃木、七叶树、栾树、青桐、枫杨、黄栌、雪松、龙柏、金钱松等。

植物名称：紫色三色堇
二年或多年生草本植物，花期4～7月，布置春季花坛的主要花卉之一。

植物名称：黄金菊
多年生草本，花黄色，夏季开放，可用于花坛、花境或配植于石边。

植物名称：桂花
木犀科木犀属常绿灌木或小乔木，亚热带树种，叶茂而常绿，树龄长久，秋季开花，芳香四溢，是我国特产的观赏花木和芳香树，主要品种有丹桂、金桂、银桂、四季桂。

棕榈 + 桂花 + 榉树 + 香樟 - 黄金菊 + 云南黄馨 - 三色堇

树形优美的常绿树（桂花、棕榈）、落叶树（榉树）排列种植，强调轴线并表达庄重、大气的入口氛围，同时落叶与常绿搭配，季相变化较为丰富。灌木地被层配置开花植被云南黄馨（花期 3～4 月）、黄金菊（花期夏季）、三色堇（花期 4～7 月），丰富景观色彩，营造丰富优美的入口景观。

植物名称：棕榈
喜光，喜温暖湿润的气候，极耐寒，耐干旱，耐水湿。棕榈是棕榈科植物中最耐寒的种类，四季常绿。

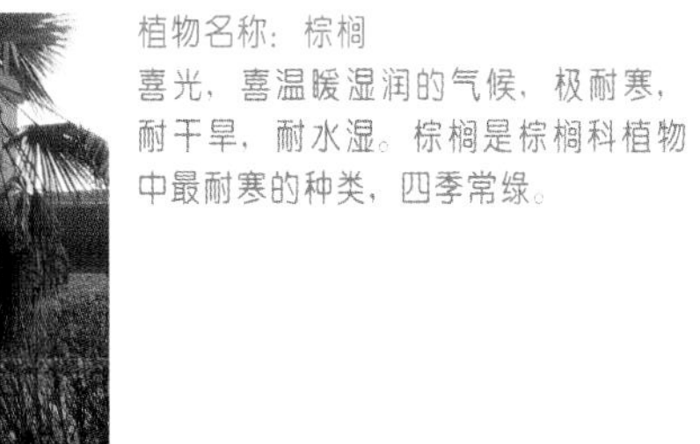

植物名称：榉树
其树形优美端庄，秋季叶子变红，是优良的色叶树种，冬季叶落后露出枝干，风采依旧，适应性强，常用树孤植树或行道树。

植物名称：云南黄馨
常绿半蔓性灌木，枝条垂软柔美，金黄色花，花果期 3 月～4 月。

桂花 + 棕榈 - 大叶黄杨 + 金边黄杨 + 毛杜鹃 + 云南黄馨

此节点依地势形成阶梯式花坛景观，运用乔木与各种观赏类灌木（毛杜鹃、花叶黄杨、大叶黄杨等）营造别具特色的入口景观，成为小区景观的一大亮点。桂花花清香持久，花开时，花香弥漫，别具吸引力，让人神清气爽。

科
蓝
1
2

植物名称：龟甲冬青
常绿小灌木、多分枝，小叶密生，叶形小巧，叶色亮绿，具有较好的观赏价值。

植物名称：大花栀子
大花栀子为栀子花的变种，常绿灌木，极芳香，花期 5～7 月，是优良的芳香花卉。

朴树 + 桂花 - 苏铁 - 毛杜鹃

此节点落叶与常绿植物相搭配，拥有季相变化。朴树配合灌木对植，具有良好的方向引导作用。此处，桂花、苏铁、毛杜鹃立体上形成了三个层次，打破此节点两个层次为主的植物配置方式，具有变化感。

榉树 + 四季桂 - 大花栀子 + 龟甲冬青 + 苏铁 - 金边黄杨 + 毛杜鹃

植物的选择与搭配在尊重当地气候及人文景观的基础上，应力求多样化的乔、灌品种及丰富的植物群落，以提升景观品质和生态价值。此处灌木层植物品种较为丰富，观花与观叶相结合，毛杜鹃花期 2～5 月，大花栀子花期 5～7 月，四季桂条件成熟，四季有花，此处因为丰富的观花观叶灌木，景观变得丰富多姿。

植物名称：苏铁
常绿棕榈状木本植物，雌雄异株，世界最古老树种之一，树形古朴，茎干坚硬如铁，体型优美，制作盆景可布置在庭院和室内，是珍贵的观叶植物，盆中如配以巧石，则更具雅趣。

竹子 - 桂花 + 大叶黄杨 - 毛杜鹃 + 红花檵木

此节点以竹子以及灌木桂花作为建筑的基础种植，软化建筑边缘的同时，不影响建筑本身的采光以及立面的展示。毛杜鹃配合红花檵木与置石一起置于有坡度的花池中，具有韵律感。

竹子 + 桂花 - 大叶黄杨 - 红花檵木

植物的配置要与建筑环境和谐统一，风格上具有一致性。此处植物配置以竹子以及灌木为主，营造了简明大方的景观场景，与简洁的建筑风格十分搭调。修剪整齐的灌木球与规格的方形水池搭配，虚实结合，成为了景观的焦点，而竹子种植也起到了很好的环境衬托作用。

植物名称：黄金间碧竹
又称为青丝金竹，竹竿金黄色，竹间有宽窄不一的绿色纵条纹路。
可栽植于庭院、建筑物墙边等地。

黄金间碧竹 + 四季桂 - 海桐 + 大叶黄杨 + 金边黄杨 + 毛杜鹃 - 麦冬

黄金间碧竹、毛杜鹃、麦冬的搭配，高低有致，层次感丰富，观赏性较好。毛杜鹃植于花坛，有一种不同于成片丛植的景观效果，景观档次得到提升。

植物名称：四季桂
木犀科桂花的变种，花色稍白，花香较淡，因其能够一年四季开花，故被称为四季桂。是园林绿化的优良树种。

1
2

植物名称：广玉兰

常绿小乔木，又被称作为荷花玉兰，其树形高大雄伟，叶片宽大，花如荷花，适宜孤植、群植或丛植于路边和庭院中，可作园景树、行道树和庭荫树。

植物名称：金边黄杨

金边黄杨为大叶黄杨的变种之一，常绿灌木或小乔木，适宜与红花檵木、南天竹等观叶植物搭配栽植。

桂花 + 广玉兰 - 金边黄杨 + 毛杜鹃 + 海桐

在建筑周边如采用自然式组团造景，选用观赏性强树种，形成高低错落、层次丰富的特色林带，便能达到很好的景观效果。此处广玉兰、桂花树形优美，并且均为开花植物，桂花花尤香，是很好的园林绿化树种，配合金边黄杨、毛杜鹃以及海桐，形成了自然优美、具有吸引力的小区景观。

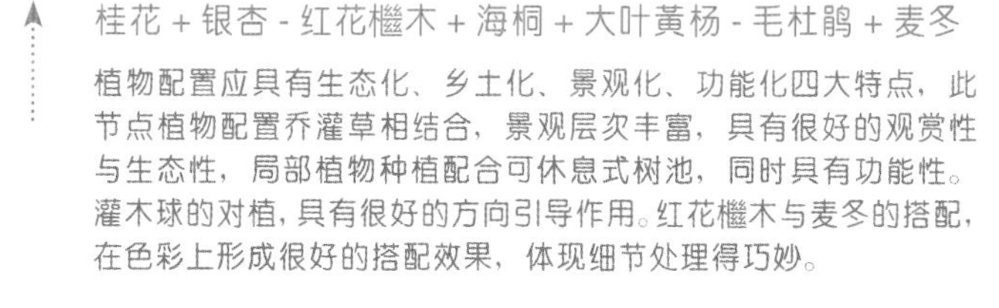

桂花＋银杏－红花檵木＋海桐＋大叶黄杨－毛杜鹃＋麦冬

植物配置应具有生态化、乡土化、景观化、功能化四大特点，此节点植物配置乔灌草相结合，景观层次丰富，具有很好的观赏性与生态性，局部植物种植配合可休息式树池，同时具有功能性。灌木球的对植，具有很好的方向引导作用。红花檵木与麦冬的搭配，在色彩上形成很好的搭配效果，体现细节处理得巧妙。

植物名称：红花檵木

常绿小乔木或灌木，花期长，枝繁叶茂且耐修剪，常用于园林色块、色带材料。与金叶假连翘等搭配栽植，观赏价值高。

植物名称：麦冬

百合科多年生草本，成丛生长，花茎自叶丛中生出，花小，浅紫或青兰色，总状花序，花期7～8月。

植物名称：大叶黄杨

大叶黄杨是一种温带及亚热带常绿灌木或小乔木，因为极耐修剪，常被用作绿篱或修剪成各种形状，较适合于规则式场景的植物造景。

植物名称：海桐

叶态光滑浓绿，四季常青，可修剪为绿篱或球形灌木用于多种园林造景，而良好的抗性又使之成为防火防风林中的重要树种。

植物名称：毛杜鹃

花多，可修剪成形，也可与其他植物配合种植形成模纹花坛，或独成片种植。

桂花＋红枫－红背桂＋辣椒－草

此节点绿化空间狭小，不宜种植高大植物，植物选择上比较讲究。此处选择灌木桂花以及红枫，空间尺度上把握的恰到好处，景观上则保证了四季常绿，且有季相变化。桂花下层空间辣椒的种植，让场景瞬间有了农家味道，增添了乡野情调。

苦楝＋桂花－石楠＋金边黄杨＋海桐－毛杜鹃

道路拐弯处植物种植应该考虑视线的遮挡问题，不宜种植高大的乔木，灌木种植也不能距离道路太近。此处苦楝为落叶乔木，种植比较靠里面，而且注意修剪，灌木的种植也稍微后退，考虑视线安全问题，具有科学性。

博锐优品道四期

设计单位：深圳奥雅设计股份有限公司
业　　主：成都博瑞房地产有限公司
项目地点：四川成都
项目面积：170,000 平方米

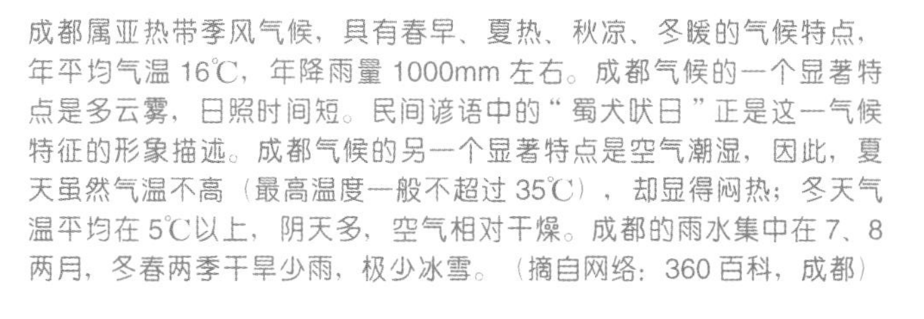

成都属亚热带季风气候，具有春早、夏热、秋凉、冬暖的气候特点，年平均气温 16℃，年降雨量 1000mm 左右。成都气候的一个显著特点是多云雾，日照时间短。民间谚语中的“蜀犬吠日”正是这一气候特征的形象描述。成都气候的另一个显著特点是空气潮湿，因此，夏天虽然气温不高（最高温度一般不超过 35℃），却显得闷热；冬天气温平均在 5℃以上，阴天多，空气相对干燥。成都的雨水集中在 7、8 两月，冬春两季干旱少雨，极少冰雪。（摘自网络：360 百科，成都）

项目内植物配置

乔木层：银杏、朴树、皂荚、天竺桂、杜英、桂花、水晶蒲桃、红叶李、乐昌含笑、细叶榕、黑壳楠、香樟、细叶桢楠、银海枣、老人葵、红枫、桫椤、含笑、素心蜡梅、桂花、贴梗海棠、红梅、茶花、黄槐、紫荆、樱花、木芙蓉、桃、象牙红、紫薇等

灌木层：大叶黄杨、红花檵木、海桐、春羽、肾蕨、八角金盘、红背桂、洒金东瀛珊瑚、龟甲冬青、十大功劳、杜鹃、金叶女贞、花叶姜、红叶石楠、佛甲草、南天竹、金叶绣线菊、花叶玉簪、棣棠、小叶女贞、花叶络石、大花六道木、长春花、海芋、大叶仙茅、棕竹、一叶兰等

地被及草坪层：葱兰、万寿菊、满天星、洋凤仙、吴风草、马尼拉草、夏堇、虞美人、波斯菊、天门冬、结缕草、百慕大等

水生植物：千屈菜、旱伞草、鸢尾、花菖蒲、再力花等

本项目位于成都市青羊区，处于二环线和三环线之间，是博瑞优品道系列项目之一。本项目可谓是新城市主义主张的美景生活蓝图。奥雅设计师提出“更成熟、更有机、更自然、更时尚”的设计理念，符合了现代人追求回归自然和时尚生活的成熟社区的愿望。有机自然，成熟时尚的景观配合项目的规划和建筑，使优品道成为了代表新城市主义生活的力作。其设计理念的具体阐述如下：

更成熟——在能够周到、合理地呵护居住者的前提下，提升“能效比、舒适度、延展性”等综合体系的社会价值。萃取周边楼盘的成功经验，打造更加成熟的社区景观和都市氛围。

更有机——参照生命生长的规律和历史发展的思考方式，强调功能的相互融合，将复杂的城市生活通过严谨科学的设计手法来控制。创造符合深层次心理需求和令人喜爱的各类空间。

更自然——关注居住环境的生态共生，同时给业主更多的绿意和轻松的感受。在城市生活中引入自然，体验结合自然景观的现代商业集群，体验“充满阳光、绿意、水”的浪漫、舒适的“逛街行动”。

更时尚——提供符合、引领现代品质生活潮流的平台。亲和、鲜明的创造休闲都市的新的时尚文化。

① 植物名称：马尼拉草
多年生草本，暖机型草坪物种。马尼拉草可用种子直播方法建坪，但实际应用中，最常见的方式是铺草皮。具有匍匐生长、较强竞争能力的特点，常用于我国南方。

② 植物名称：鹅掌柴
是较常见的盆栽植物，也可栽植于林下，营造不同层次的园林景观。

③ 植物名称：红枫
其整体形态优美动人，枝叶层次分明飘逸，广泛用作观赏树种，可孤植、散植或配植，别具风韵。

④ 植物名称：红花羊蹄甲
其叶形似羊蹄形状，花大色艳，是优良的庭院绿化树种和行道树种。

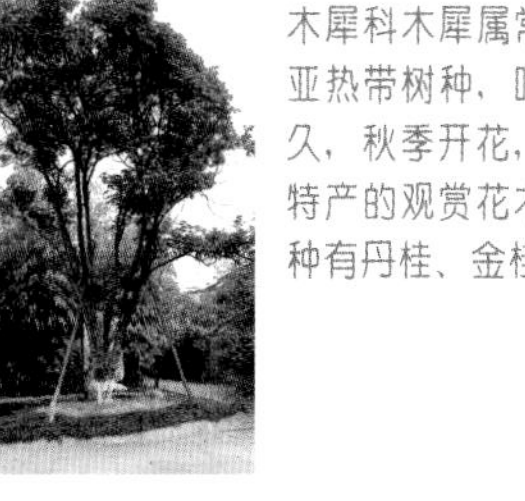
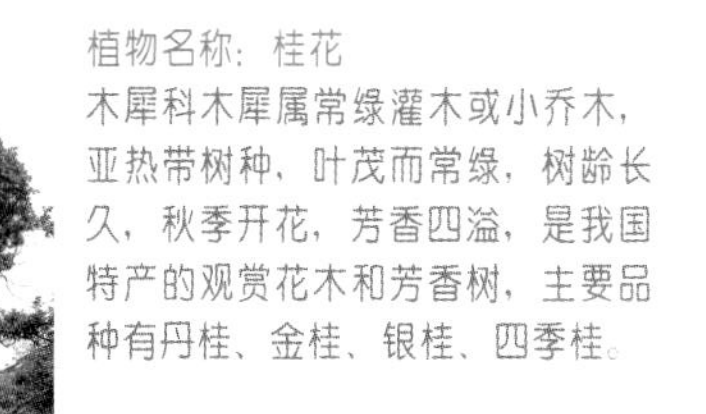

⑤ 植物名称：桂花

木犀科木犀属常绿灌木或小乔木，亚热带树种，叶茂而常绿，树龄长久，秋季开花，芳香四溢，是我国特产的观赏花木和芳香树，主要品种有丹桂、金桂、银桂、四季桂。

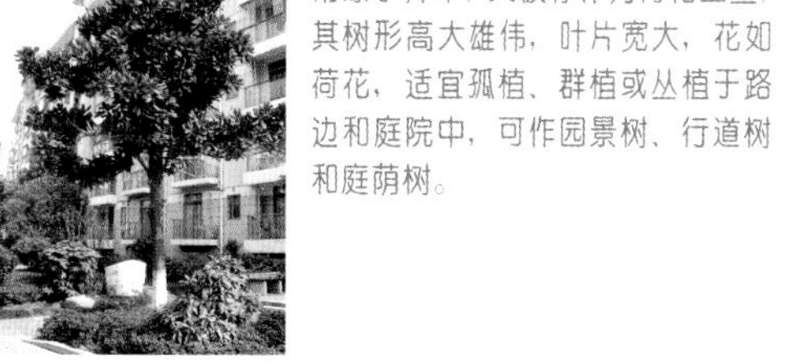
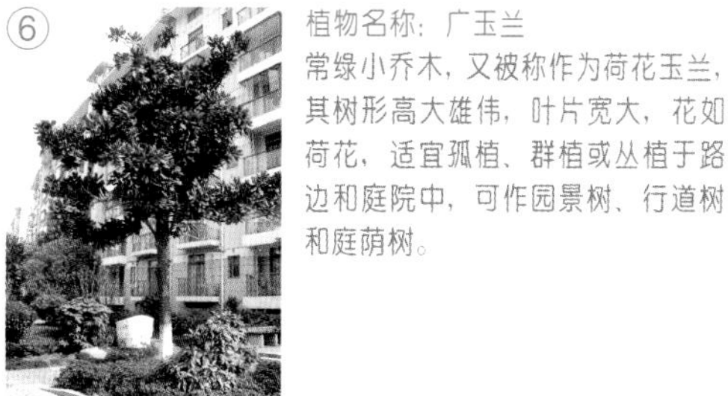

⑥ 植物名称：广玉兰

常绿小乔木，又被称作为荷花玉兰，其树形高大雄伟，叶片宽大，花如荷花，适宜孤植、群植或丛植于路边和庭院中，可作园景树、行道树和庭荫树。

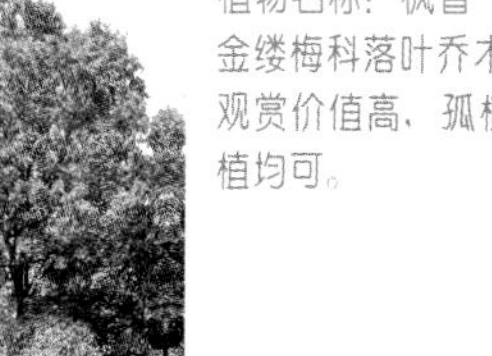

⑦ 植物名称：枫香

金缕梅科落叶乔木，秋色树种，观赏价值高，孤植、丛植、群植均可。

枫香 + 广玉兰 + 垂柳 + 红花羊蹄甲 + 红枫 - 灌木桂花 + 海桐 + 红花檵木 + 鹅掌柴 + 棕竹 - 马尼拉草

植物配置要遵循一定的艺术原则，统一与变化就是其中重要的一条，此处植物的风格大体一致，很和谐地统一在一起，但是不同树种在大小、树形上又各有特点，形成变化，不同高度、不同形体的植物相互搭配，还形成高低错落的林冠线，层次感丰富。

①

植物名称：红叶李
又名紫叶李，落叶小乔木，树皮紫灰色，小枝淡红褐色，三月红叶李嫩叶鲜红，逐渐生长叶子变成紫色，花叶同放，花期3～4月，是优秀的观花、观叶树种。

②

植物名称：垂柳
枝条柔软细长，最适合配植在水畔，形成垂柳依依之景，与桃花相间而种则是桃红柳绿的特色景观。

③

植物名称：海芋
天南星科，多年生草本，大型喜阴观叶植物，林荫下片植，叶形和色彩都具有观赏价值。海芋花外形简单清纯，可做室内装饰。海芋全株有毒，以茎干最毒，需要注意。

红叶李＋垂柳＋黑壳楠＋广玉兰－金叶女贞＋灌木桂花＋红花檵木＋棕竹＋海芋＋海桐

此节点将红叶李点缀于绿色植物之中，既丰富了景观色彩，又活跃了园林气氛，起到锦上添花的作用。广玉兰与红叶搭配，并配以桂花、海桐球等，不仅在空间上有层次感，而且色相上又有很大的变化，打破了序列空间的单调，产生一种和谐的韵律感，取得了很好的效果。垂柳植于水边，姿态自由洒脱，水中倒影袅娜多姿，别具意味。

④

植物名称：黑壳楠
常绿乔木，具有一定的园林绿化价值，可以作为绿化树种栽植于公园等地，经济价值较大。

⑤

植物名称：棕竹
丛生常绿小乔木和灌木，是热带、亚热带较常见的常绿观叶植物。茎杆直立且纤细优雅，叶片掌状而颇具特色。

桂花＋鸡冠刺桐＋垂柳－小蒲葵＋花叶姜－鹅掌柴＋杜鹃

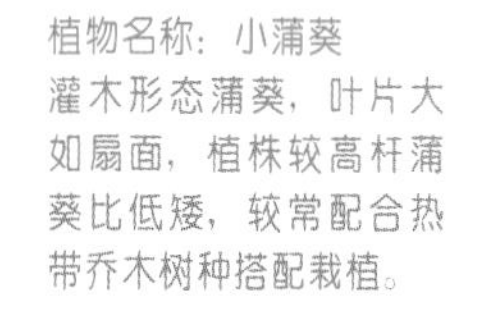

植物名称：小蒲葵
灌木形态蒲葵，叶片大如扇面，植株较高杆蒲葵比低矮，较常配合热带乔木树种搭配栽植。

银杏 + 木芙蓉 + 羊蹄甲 + 天竺桂 + 朴树 + 红枫 - 海桐 + 红花檵木 + 海芋 - 迎春 + 杜鹃 + 肾蕨

水体的颜色清雅，与绿色植物属于同一色系，需要彩色观花观叶植物来衬托，木芙蓉、杜鹃以及迎春都属于观花植物，对水体有很好的点缀装饰作用。叶形独特，叶色鲜艳的红枫树枝伸向道路上层空间，别具意味。

银杏 + 木芙蓉 + 乐昌含笑 + 红枫 + 天竺桂 - 海桐 + 红花檵木 + 花叶姜 + 大叶仙茅 + 海芋 - 肾蕨

在植物配置中，对比是常用的一种艺术手法。此处，道路右边乔灌草搭配形成密集的植物景观空间与水面形成对比，一密一疏，对比形成良好的景观效果。木芙蓉是良好的观花树种，花色会随着光线的变化而呈现出不同的色彩，特别宜于配植水滨，开花时波光花影，相映益妍，分外妖娆。海芋，叶形和色彩都很美丽，生长十分旺盛，此处植于水边，具有很好的观赏效果。

①植物名称：杜鹃
常绿灌木。品种丰富、花色多、是理想的植物造景材料。可栽植于林下营造花卉色带。

②植物名称：木芙蓉
落叶灌木或小乔木，喜温暖湿润和阳光充足的环境，稍耐半阴。花期长，开花旺盛，品种多，花因光照强度的不同，会呈现出不一样的颜色，是一种很好的观花树种。

③植物名称：迎春花
花如其名，每当春季来临，迎春花即从寒冬中苏醒，花先于叶开放，花色金黄，垂枝柔软。花色秀丽，枝条柔软，适宜栽植于城市道路两旁，也可配置于湖边、溪畔、草坪和林缘等地。

④植物名称：朴树
落叶乔木，树冠宽广，孤植或列植均可，且其对多种有害气体有较强抗性，也常用于工厂绿化。

⑤植物名称：海桐
叶态光滑浓绿，四季常青，可修剪为绿篱或球形灌木用于多种园林造景，而良好的抗性又使之成为防火防风林中的重要树种。

⑥植物名称：乐昌含笑
树形高大优美，枝叶翠绿浓密，花白色，大而芳香，常用于作庭荫树及行道树。

⑦植物名称：天竺桂
常绿乔木，树姿优美，树冠生长快，易成绿荫，观赏价值高而病虫害少，可用于作行道树及庭荫树。

⑧植物名称：红花檵木
常绿小乔木或灌木，花期长，枝繁叶茂且耐修剪，常用于园林色块、色带材料。与金叶假连翘等搭配栽植，观赏价值高。

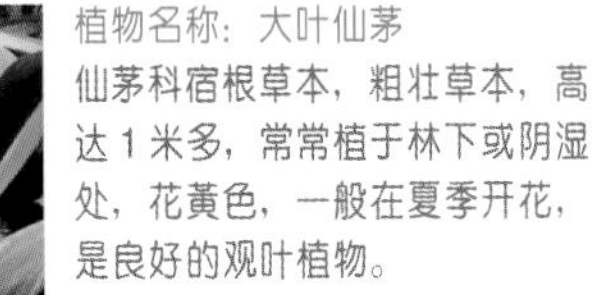

植物名称：大叶仙茅
仙茅科宿根草本，粗壮草本，高达1米多，常常植于林下或阴湿处，花黄色，一般在夏季开花，是良好的观叶植物。

植物名称：肾蕨
与山石搭配栽植效果好，可作为阴生地被植物布置在墙角、凉亭边、假山上和林下，生长迅速，易于管理。

植物名称：春羽
多年生常绿草本观叶植物。叶片大，叶形奇特，叶色深绿，且有光泽。是较好的室内观叶植物。由于其较耐阴，可栽植于比较阴郁的环境。

植物名称：金叶女贞
叶色金黄，具有较高的绿化和观赏价值。常与红花檵木配植做成不同颜色的色带，常用于园林绿化和道路绿化中。

广玉兰 + 桂花 + 柳树 + 朴树 - 海桐 + 红花檵木 + 大叶仙茅 + 海芋 - 肾蕨 + 春羽 + 金叶女贞 - 结缕草

植物的多样性能提高植物群落的观赏价值，增强植物的抗逆性与韧性，有利于保证群落的稳定，避免有害生物的入侵。此节点植物品种丰富，乔灌草相结合，形成丰富的景观空间，同时也具有较高的生态价值。肾蕨、春羽姿态自由洒脱，植于水边，颇具有自然趣味。

垂柳＋刺桐＋黄槐＋桂花＋广玉兰 - 杜鹃＋海桐＋红花檵木＋金叶女贞＋迎春＋鹅掌柴＋南天竹＋春羽＋洒金东瀛珊瑚＋花叶姜 - 鸢尾＋八仙花＋肾蕨＋天门冬

丰富的植物群结合置石植于水边，形成很好的光影效果，虚实结合，营造出了一种近自然的驳岸状态。黄槐花期长，花色金黄灿烂，此处种在路边，具有很好的观赏效果，成为局部景观焦点。鹅掌柴与南天竹作为灌木，种植在建筑周围，软化建筑的同时，不影响建筑本身特色与采光，具有科学性。

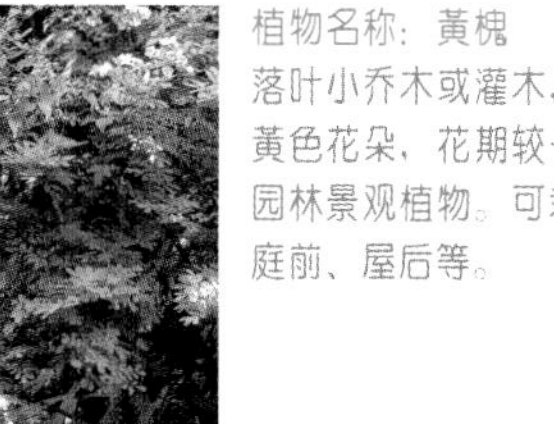

① 植物名称：黄槐
落叶小乔木或灌木，羽状复叶，黄色花朵，花期较长，是较好的园林景观植物。可栽植于河边、庭前、屋后等。

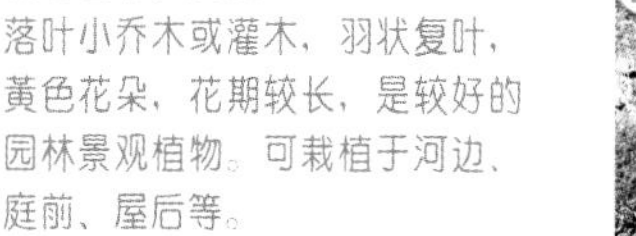

② 植物名称：南天竹
常绿小灌木，枝叶细而清雅，花小白色，强光下叶色变红，可点缀或片植，也可作为盆景，中国古典园林常用植物。

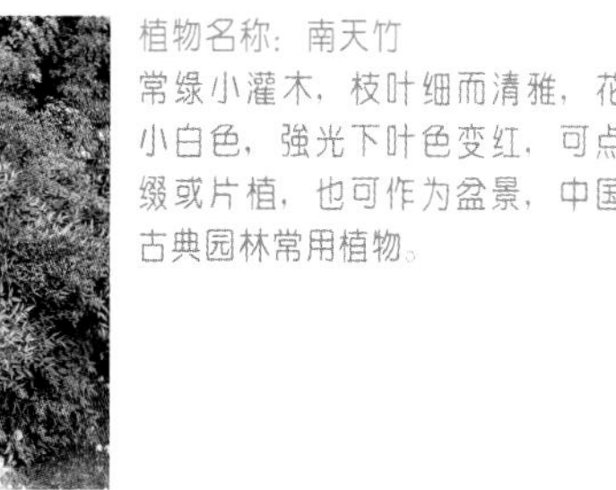

③ 植物名称：刺桐
又称为象牙红，因状似鸡冠，故被称为"鸡冠刺桐"。花开红艳，花期长，约 4～7 月，可栽植于庭院供欣赏，也可应用于道路绿化。刺桐孤植于庭院一角，配植部分地被植物，景观效果佳。

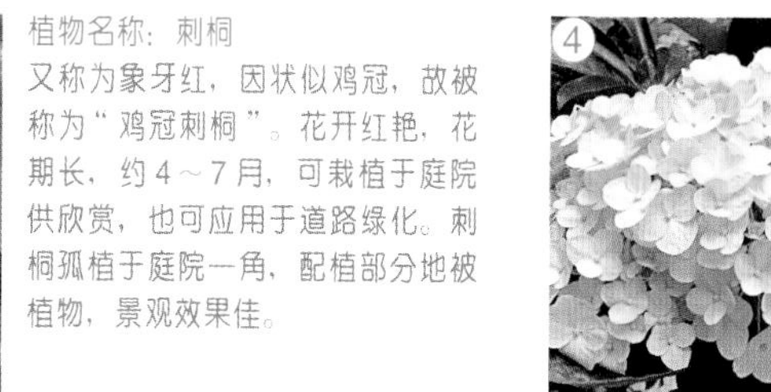

④ 植物名称：八仙花
又被称为绣球花，在我国栽培历史悠久，明清时期在江南园林中较多使用。其花形美丽，颜色亮丽，可成片栽植于公园、风景区，也可和假山搭配栽植，景观效果佳。

植物名称：洒金珊瑚
叶片较大，色彩艳丽，叶片上有斑驳的金色，枝繁叶茂，因其耐阴的特点，适宜栽植于疏林下，阴湿地较常栽植。

植物名称：一串红
一年生草本植物。花繁叶茂，色彩鲜艳，花期较长，适合大片栽植于花坛、花境中，与一串紫相同，但花色为红色。

植物名称：杜英
常绿乔木，属于速生树种。叶落前，红叶随风飘摆，十分美观。冬季至早春时节，树叶变为绯红，满树树叶，红绿相间，观赏价值高，可作景观树。

植物名称：柳树
乔木，常栽植于湖畔、池边，与桃花搭配栽植，营造桃红柳绿的意境。

植物名称：八角金盘
南天星科草本植物，叶掌状，耐阴蔽，是良好的地被植物。

植物名称：老人葵
树形高大，树冠优美，生长速度快，在入口及轴线景观上应用较多。

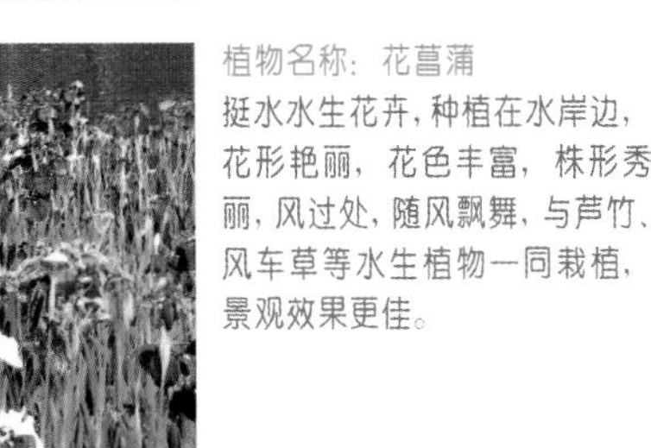

植物名称：麦冬
百合科多年生草本，成丛生长，花茎自叶丛中生出，花小，浅紫或青兰色，总状花序，花期7～8月。

植物名称：花菖蒲
挺水水生花卉，种植在水岸边，花形艳丽，花色丰富，株形秀丽，风过处，随风飘舞，与芦竹、风车草等水生植物一同栽植，景观效果更佳。

植物名称：紫荆
落叶小乔木或灌木，具有耐寒性，耐修剪能力较强，花先于叶开放，簇生于枝干上，花期一般在春季，花色鲜艳，盛花期时，有一种花团锦簇，枝叶扶疏的景象。紫荆可列植于操场等地，也可孤植于庭院中，更有家庭美满的寓意。

植物名称：再力花
多年生挺水草本植物，植株高大美观，叶色翠绿，蓝紫色花别致、优雅，是重要的水景花卉。常栽植于水边、湖畔和湿地。

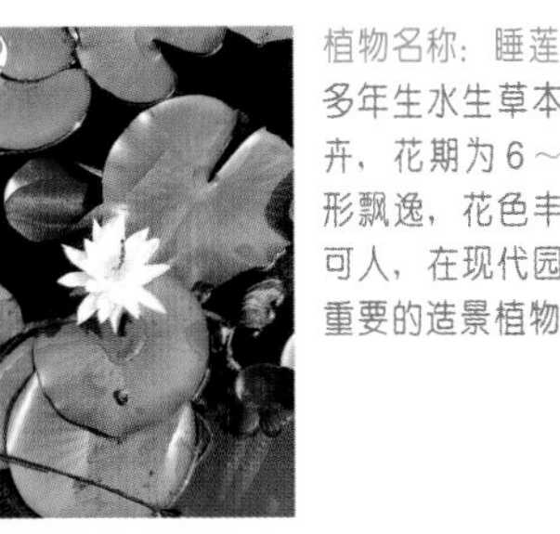

植物名称：凤凰木
落叶大乔木，凤凰木，树如其名，鲜绿的羽状复叶配上鲜红的花朵给人很惊艳的感觉。树形高大，盛花期时，花红叶绿，观赏价值极高，是著名的热带观赏树种。

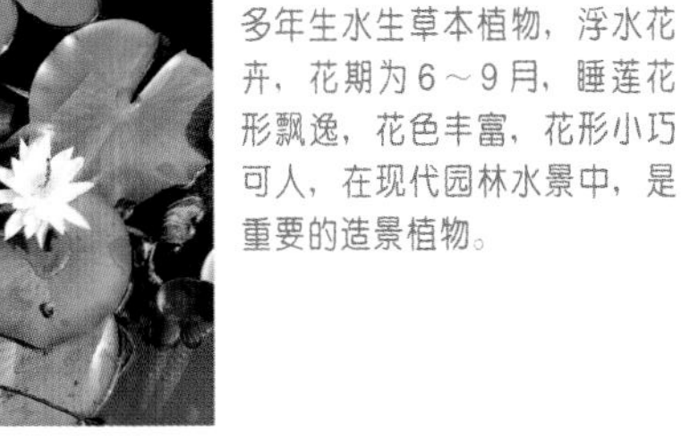

植物名称：睡莲
多年生水生草本植物，浮水花卉，花期为6～9月，睡莲花形飘逸，花色丰富，花形小巧可人，在现代园林水景中，是重要的造景植物。

植物名称：花叶络石
常绿藤本植物，叶片色彩丰富，有绿色、粉红、白色等多个层次，观赏性较高，较耐修剪，可以栽植于林下做地被材料，同时也是花坛、花境的点缀植物。

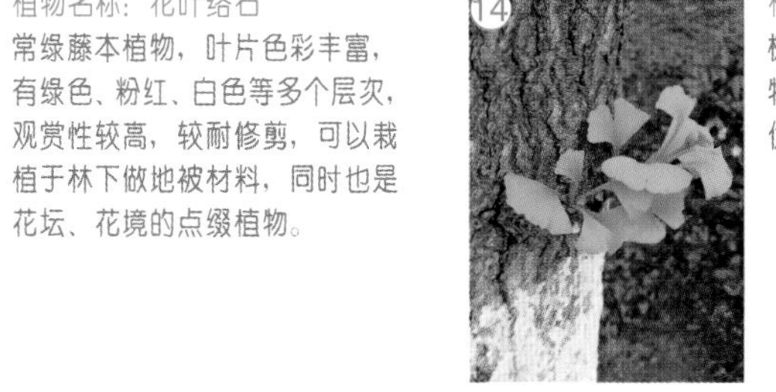

植物名称：银杏
树形优美，树干高大挺拔，叶形奇特美丽，叶色秋季变为金黄色，是优良的行道树和庭院树种。

柳树＋银杏＋枫香＋羊蹄甲＋红枫＋黄栌＋老人葵＋杜英－红花檵木＋八角金盘＋洒金东瀛珊瑚＋鹅掌柴－麦冬＋肾蕨＋一串红

此场景为小区内一个景观节点。高大密集的乔木群形成建筑小品的绿色背景，突出了建筑小品本身的景观特色。黄栌、银杏、羊蹄甲、红枫等观花观叶乔木以及灌木红花檵木增添了植物景观群落的色彩效果，丰富季相特征。红枫种植在路边，颜色鲜艳，成为植物景观的一个局部焦点，整个景观场景因植物搭配得当变得自然亲切。

凤凰木＋枫香＋银杏＋红枫＋桂花＋紫荆－棕竹＋大叶黄杨＋鹅掌柴＋八角金盘＋大叶仙茅＋红花檵木－花叶络石＋肾蕨－再力花＋花菖蒲＋睡莲

植物配置中，丰富的物种种类能形成丰富的群落景观，满足人们日益增长的审美需求。此处节点植物品种丰富，大乔木层、小乔木层、灌木层、水体植物，不同层次，不同形态高低错落融合在一起，形成丰富的植物群落景观。枫香、银杏树形优美，均为秋色树种，秋季树叶一红一黄，颜色艳丽，构成丰富的季相效果。

桂花 + 桃树 - 红花檵木 + 洒金东瀛珊瑚 + 海桐

此节点乔灌草的密集搭配，形成了指向性较为明确的空间，使道路具有明确的指向性，达到形式与功能的统一，红花檵木间种在绿色植物当中，与其他植物在色彩上产生对比，丰富景观效果，起到点缀作用。

植物名称：红叶石楠
常绿小乔木，红叶石楠春季时新长出来的嫩叶红艳，到夏季时转为绿色，因其具有耐修剪的特性，通常被做成各种造型运用到园林绿化中。

植物名称：细叶桢楠
常绿大乔木，树干通直，树姿优美，既是上等的用材树种，又是极好的庭园观赏和城市绿化树种。

桂花 + 细叶桢楠 + 黄槐 + 木芙蓉 - 红花檵木 + 海桐 + 红叶石楠 - 杜鹃 + 吉祥草

植物种群单一，在生态上是贫乏的，在景观上也是单调的，园林植物配置要注意乔、灌、草结合，这样才有利于植物群落的稳定性，充分利用高中低空间，增加叶面积指数，才有利于提高生态效益和环境质量。此处道路两边植物配置便遵循了此原则，能起到艺术与生态多方面的效益。“芙蓉城”是成都的美称，木芙蓉是其市树，此处种植，不仅美化环境，还具有文化意义。

鸡冠刺桐 + 细叶桢楠 + 桂花 - 花叶良姜 + 海桐 + 红花檵木

4
3
2
1

植物名称：结缕草
多年生草本植物，喜温暖湿润的气候环境，具有较强的的耐修剪、耐践踏能力，是优良的草坪植物，可用于庭院草坪建设。

植物名称：天门冬
多年生攀援草本植物。天门冬枝叶浓密，叶色翠绿喜人，常栽植于林下较阴湿的地方。

植物名称：花叶良姜
多年生常绿草本植物，叶色艳丽，十分迷人，花姿优美，花香清纯，叶花均具有较高的观赏价值，常用作园林灌木种植。

红叶李 + 木芙蓉 + 桃树 - 红花檵木 + 洒金东瀛珊瑚 + 海桐 + 大叶仙茅 + 花叶姜 - 天门冬 + 花叶蔓长春 - 结缕草

在南方植物品种中，多以常绿植物为主，彩色植物的运用会显得格外的活泼与生动，给人一种热情与生机的感觉。此节点红花檵木球与常绿的海桐和大叶仙茅等相搭配，颜色上形成对比，给人亲切自然，充满生机活力的感觉。垂状的天门冬与花叶蔓长春植于精美容器中，别具特色。

植物名称：桃树
落叶小乔木，树冠宽广或平展，花先于叶开放，观花效果好。常与常绿树种搭配，或成片种植，形成良好的时令景观。

植物名称：花叶蔓长春
叶色斑驳，枝条蔓性，可作为地被和低矮灌木层栽植。

桂花＋广玉兰＋老人葵－十大功劳＋苏铁－一叶兰＋鸢尾＋麦冬

植物名称：十大功劳
叶形奇特，花朵黄色，可以栽植于墙下做基础种植，因叶片较尖锐，也可栽植于庭院外围作绿篱使用。

植物名称：一叶兰
多年生常绿宿根草本植物，又被称为箬叶。终年常绿，叶形挺拔优美，叶片较大，叶色浓绿。

植物名称：苏铁
常绿棕榈状木本植物，雌雄异株，世界最古老树种之一，树形古朴，茎干坚硬如铁，体型优美，制作盆景可布置在庭院和室内，是珍贵的观叶植物，盆中如配以巧石，则更具雅趣。

④ 植物名称：紫薇
落叶小乔木，又称为痒痒树，树干光滑，用手抚摸树干，植株会有微微抖动，红花紫薇的花期是5～8月，花期较长，观赏价值高。

⑤ 植物名称：苦楝树
落叶小乔木，喜温暖湿润的气候环境，花色淡雅，花姿美丽，适宜栽植于道路两旁做行道树，或栽植于庭前屋后。

苦楝树 + 黑壳楠 - 紫薇 - 花叶姜 + 蒲葵

银杏 - 栀子花 + 银边草

此节点展示的是沿街商铺的植物搭配，没有丰富的景观品种与层次，乔木银杏与灌木搭配，营造的是一种简洁的具有商业氛围的景观。银杏树形优美挺拔，季相变化丰富，在此处不仅有统一与美化街景的效果，而且还不影响商业活动。栀子花、银边草规则种植在花池中，是水体景观与道路的一个很好的过渡。

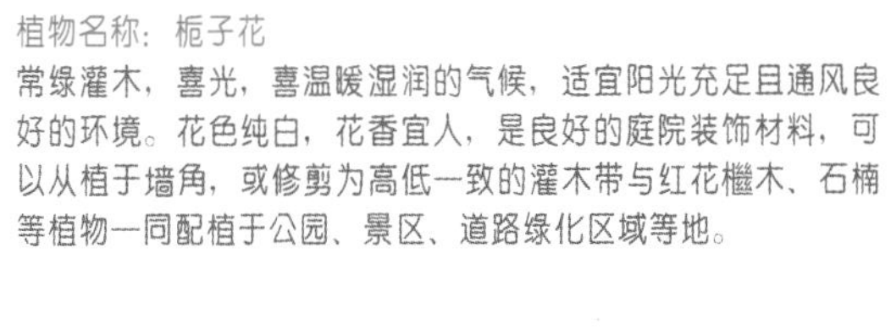

植物名称：栀子花

常绿灌木，喜光，喜温暖湿润的气候，适宜阳光充足且通风良好的环境。花色纯白，花香宜人，是良好的庭院装饰材料，可以从植于墙角，或修剪为高低一致的灌木带与红花檵木、石楠等植物一同配植于公园、景区、道路绿化区域等地。

植物名称：银边草

多丛植或者栽植于山石旁起到点缀作用。

優品天地
鱼游天下
洗手间
1
2

重庆中冶北麓原

设计单位：深圳奥雅设计股份有限公司
项目地点：重庆市
项目面积：80,000 平方米

重庆气候温和，属亚热带季风性湿润气候，是宜居城市，年平均气候在 18℃左右，冬季最低气温平均在 6～8℃，夏季炎热，七月每日最高气温均在 35 度以上。极端气温最高 43℃，最低 -2℃，日照总时数 1000～1200 小时，冬暖夏热，无霜期长、雨量充沛、常年降雨量 1000～1450 毫米，春夏之交夜雨尤甚，因此有"巴山夜雨"之说，有山水园林之风光。重庆多雾，素有"雾都"之称。（摘自网络：360 百科，重庆）

项目内植物配置

乔木层：重阳木、广玉兰、银杏、池杉、枫香、杜英、小叶榕、金桂、天竺桂、马褂木、雪松、黄葛榕、朴树、榉树、香樟、合欢、乐昌含笑、栾树、羊蹄甲等

灌木层：春鹃、瓜子黄杨、金叶女贞、四季秋海棠、小叶黄杨球、八角金盘、蜘蛛兰、棣棠、八仙花、蔷薇、云南黄馨、红叶石楠、夏鹃、丰花月季、大蚌兰、洒金桃叶珊瑚、龙船花、海桐等

地被及草坪层：铺地柏、肾蕨、马尼拉草等

水生植物：沼生木贼、睡莲、水生鸢尾、再力花、苦草等

重庆中冶北麓原项目位于重庆市北部新区鸳鸯组团，整体景观面积为 80,000m^2，其中示范区景观面积约为 15,000m^2。项目地形较复杂，整块用地内高差较大，总体呈西低东高，北高南低。项目建筑为现代风格，性质包括住宅和公建，示范区内的公建包含有主入口区的麦当劳外卖餐厅、临街店铺及公共会所。

根据本项目的建筑空间特点，将景观空间定义为简约的北欧风格。即要有层次清晰的空间系统、有简约时尚的景观建筑、又要有像“麓原”一般静谧深秀的植物景观。

景观设计在充分尊重基地现状条件和建筑规划各项要求的基础上，创造现代简约、清新自然的北欧风格空间。同时根据特殊的赏景需要，结合地块原有的悬崖地形边缘，设置了特色赏景步道和悬挑的观景平台。

桂花 + 银杏 - 杜鹃 + 红花檵木 + 金叶女贞 + 丰花月季

此节点位于现代化的建筑周边，红花檵木、杜鹃修剪成型，成片种植于花池中，与木栈道配合，形成简约时尚的城市街景，建筑基础种植灌木则用金叶女贞配合丰花月季，颜色鲜艳，营造了热烈的气氛。桂花作为常绿乔木，打破了横向上的线条，形成立体上的景观。银杏为落叶乔木，秋叶变黄，丰富景观季相效果。

① 植物名称：红花檵木
常绿小乔木或灌木，花期长，枝繁叶茂且耐修剪，常用于园林色块、色带材料。与金叶假连翘等搭配栽植，观赏价值高。

② 植物名称：杜鹃
常绿灌木。品种丰富，花色多，是理想的植物造景材料。可栽植于林下营造花卉色带。

③ 植物名称：金叶女贞
叶色金黄，具有较高的绿化和观赏价值。常与红花檵木配植做成不同颜色的色带，常用于园林绿化和道路绿化中。

④ 植物名称：丰花月季
观花灌木，阳性，耐寒，花色丰富，花期长，管理粗放，可丛植、片植、行植。

⑤ 植物名称：桂花
常绿小乔木，又可分为金桂、银桂、月桂、丹桂等品种。桂花是极佳的庭院绿化树种和行道树种，秋季桂花开放，花香浓郁。

⑥ 植物名称：广玉兰
常绿小乔木，又被称作为荷花玉兰，其树形高大雄伟，叶片宽大，花如荷花，适宜孤植、群植或丛植于路边和庭院中，可作园景树、行道树和庭荫树。

⑦ 植物名称：羊蹄甲
花大且色彩艳丽，常与常绿植物配植，叶片心形，较为独特，四季开花，花期较长，是很好的观花、观叶植物。

广玉兰 + 羊蹄甲 + 银杏 - 金叶女贞 + 红花檵木

此节点体现的是商业区现代简洁风格，以列植的高大乔木和整形修剪的灌木，营造简洁大气的形象。广玉兰为常绿大乔木，不仅可以在夏日为行人提供必要的庇荫，还能很好地美化街景，五六月份，广玉兰花盛开，在绿油油的叶丛中，花朵是那样的洁净、高雅，银杏列植在其对面，与广玉兰在形态上形成对比，两者相互呼应，形成独树一帜的街道景观。

⑥
⑦
电子警察
抓拍点

植物名称：肾蕨
与山石搭配栽植效果好，可作为阴生地被植物布置在墙角、凉亭边、假山上和林下，生长迅速，易于管理。

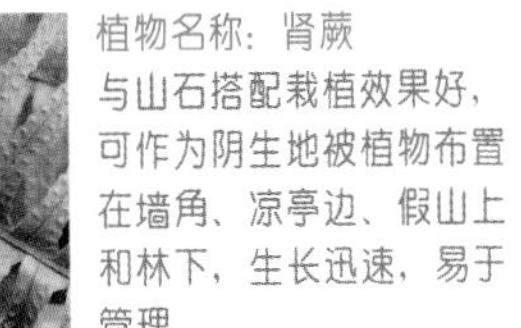

植物名称：银杏
树形优美，树干高大挺拔，叶形奇特美丽，叶色秋季变为金黄色，是优良的行道树和庭院树种。

银杏 - 八角金盘 + 红花檵木 + 南天竹 + 海桐 + 风车草

银杏树形优美，叶形奇特，秋叶变黄，即使落叶，仍然具有良好的观赏效果。一到秋天，满树金黄，秋风徐来，黄叶飞舞，别具意境。此处银杏成片列植，形成规模，造型简洁的树池配植肾蕨，简单大气，富有现代气息。建筑墙角的基础种植，则配以各种灌木地被，软化建筑，美观科学。整个植物景观配置与简约的建筑风格十分融合，给人以高品质的空间享受。

植物名称：棕竹
丛生常绿小乔木和灌木，是热带、亚热带较常见的常绿观叶植物。茎杆直立且纤细优雅，叶片掌状而颇具特色。

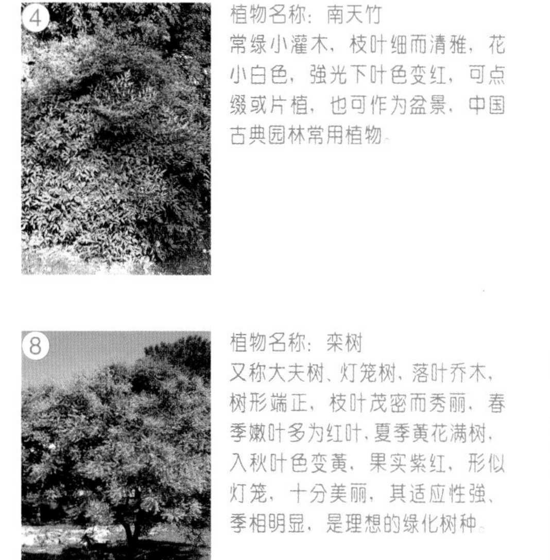

植物名称：南天竹
常绿小灌木，枝叶细而清雅，花小白色，强光下叶色变红，可点缀或片植，也可作为盆景，中国古典园林常用植物。

植物名称：八角金盘
南天星科草本植物，叶掌状，耐阴蔽，是良好的地被植物。

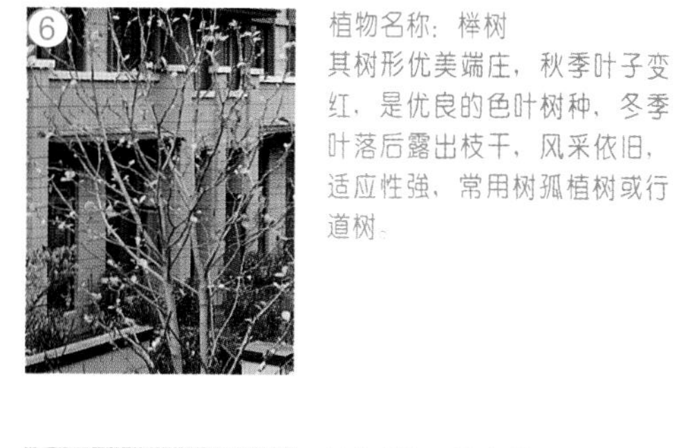

植物名称：榉树
其树形优美端庄，秋季叶子变红，是优良的色叶树种，冬季叶落后露出枝干，风采依旧，适应性强，常用树孤植树或行道树。

植物名称：狼尾草
多年生植物，生性强健，萌发力强，容易栽培。

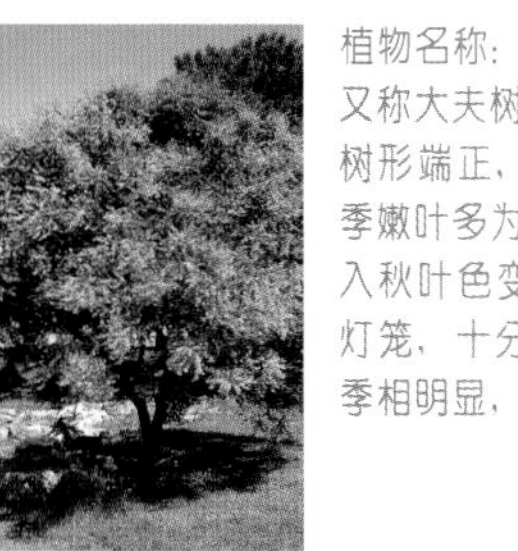

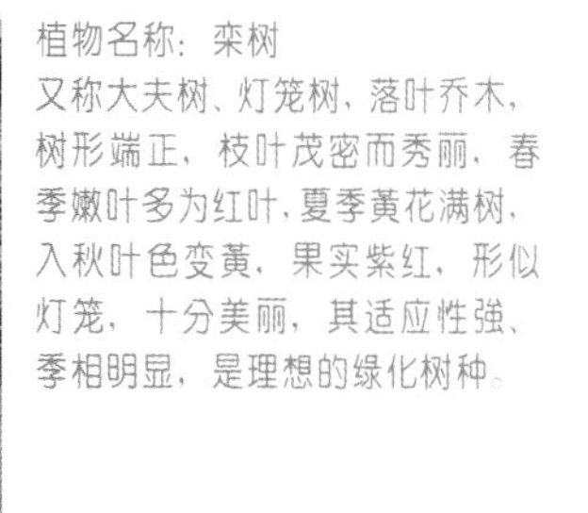

植物名称：栾树
又称大夫树、灯笼树，落叶乔木，树形端正，枝叶茂密而秀丽，春季嫩叶多为红叶，夏季黄花满树，入秋叶色变黄，果实紫红，形似灯笼，十分美丽，其适应性强、季相明显，是理想的绿化树种。

植物名称：天竺桂
常绿乔木，树姿优美，树冠生长快，易成绿荫，观赏价值高而病虫害少，可用于作行道树及庭荫树。

植物名称：风车草
叶片伞状，茎杆挺拔，常种植于水边、湖畔，或与假山、湖石相配，由于其四季常青且叶形独特，是水景造景常用的观叶植物。

植物名称：杨梅
小乔木或灌木，树冠饱满，枝叶繁茂，夏季满树红果，甚为可爱，可作点景或用作庭荫树，更是良好的经济型景观树种。

植物名称：朴树
落叶乔木，树冠宽广，孤植或列植均可，且其对多种有害气体有较强抗性，也常用于工厂绿化。

植物名称：再力花
多年生挺水草本植物，植株高大美观，叶色翠绿，蓝紫色花别致、优雅，是重要的水景花卉。常栽植于水边、湖畔和湿地。

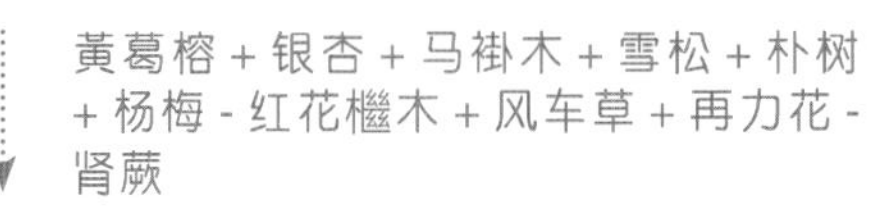

黄葛榕＋银杏＋马褂木＋雪松＋朴树＋杨梅－红花檵木＋风车草＋再力花－肾蕨

此处乔木层植物品种较为丰富，常绿落叶相搭配，在统一中富有变化，为现代的景观亭形成绿色背景，再力花成片种植，具有野趣，肾蕨配合置石，形成自然的景观氛围，整个场景植物配置打破了现代建筑钢筋水泥的压抑感，营造了轻松休闲的环境氛围。

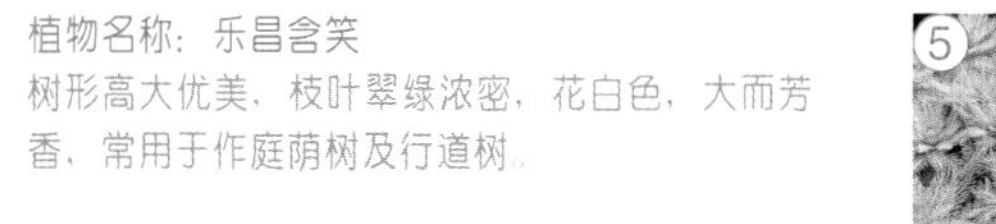

植物名称：乐昌含笑

树形高大优美，枝叶翠绿浓密，花白色，大而芳香，常用于作庭荫树及行道树。

植物名称：狐尾藻

狐尾藻喜温暖湿润且阳光充足的环境，不耐寒，故在南方地区靠近水岸的地方较适宜栽植。可与其他水生植物搭配栽植，营造丰富多样的植物层次。

马褂木＋池杉＋香樟＋朴树＋红枫＋紫叶李－肾蕨－风车草＋再力花＋水生鸢尾＋狐尾草

此节点植物配置较为丰富，乔木、灌木以及水生植物共同形成了丰富的景观空间。群植再力花配合水生鸢尾以及狐尾草，与池杉搭配，形成自然的水体景观空间。此外马褂木树形高大，叶形奇特，紫叶李、红枫叶色鲜艳，与滨水植物一起共同构建了一个自然生态的景观场景，让忙碌的城市人能够有融入大自然的轻松心情，惬意地享受生活。

感悟生活的静谧之美
①
②
麦当劳

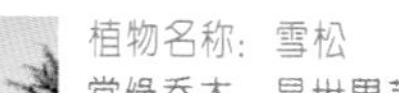

植物名称：雪松

常绿乔木，是世界著名的庭院观赏树种之一，树形尖塔状，适宜植于草坪中或主要景观节点或轴线上。

植物名称：鹅掌楸

别名马褂木，落叶大乔木，叶形独特，好似一个个马褂，秋天叶色变黄，是珍贵的行道树和庭园观赏树种，丛植、列植或片植均有奇特的观赏效果。

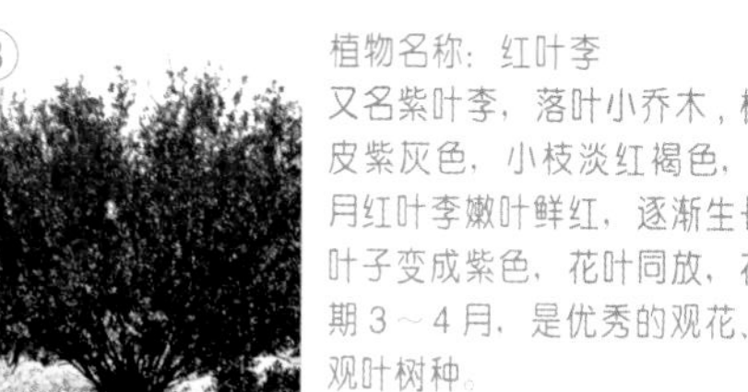

植物名称：红叶李

又名紫叶李，落叶小乔木，树皮紫灰色，小枝淡红褐色，3月红叶李嫩叶鲜红，逐渐生长叶子变成紫色，花叶同放，花期3～4月，是优秀的观花、观叶树种。

植物名称：睡莲

多年生水生草本植物，浮水花卉，花期为6～9月，睡莲花形飘逸，花色丰富，花形小巧可人，在现代园林水景中，是重要的造景植物。

银杏＋天竺桂＋红叶李＋垂柳－睡莲

此节点高大乔木种植在面积较为宽阔的水边，具有良好的倒影效果，虚实结合，富有艺术气息。该银杏树形优美，以建筑为背景，孤植于水边，形成景观焦点，别具观赏效果。该水体景观场景，由于植物的科学配置以及恰当小品的点缀，让人无处不感受到植物与水体空间带来的舒适感。

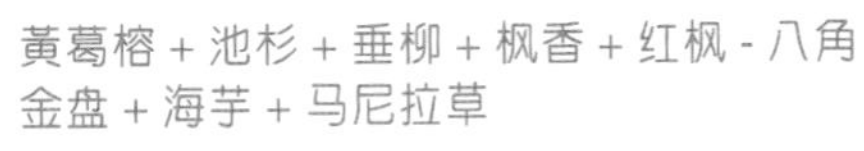

黄葛榕 + 池杉 + 垂柳 + 枫香 + 红枫 - 八角金盘 + 海芋 + 马尼拉草

此节点水域面积较为宽阔，在滨水区可以种植高大乔木，形成大气的滨水景观。此处便种植了高大的枫香、黄葛榕，与垂柳、池杉共同形成了滨水植物景观的骨架。黄葛榕树形高大，种植在水边，具有较大面积的倒影，形成良好的景观效果，并且其为重庆市的市树，具有文化象征意义。柳树与其他树种在形态上形成强烈的对比，杨柳依依，景观效果突出。

① 植物名称：黄葛榕
又名大叶榕，落叶大乔木，落叶期不定，喜光，耐旱，耐瘠薄，有气生根，适应能力强，适宜栽植于公园湖畔、草坪、河岸边，可孤植或群植造景，也可作行道树。

② 植物名称：垂柳
枝条柔软细长，最适合配植在水畔，形成垂柳依依之景，与桃花相间而种则是桃红柳绿的特色景观。

③ 植物名称：马尼拉草
多年生草本，暖季型草坪物种。马尼拉草可用种子直播方法建坪，但实际应用中，最常见的方式是铺草皮。具有匍匐生长、较强竞争能力的特点，常用于我国南方。

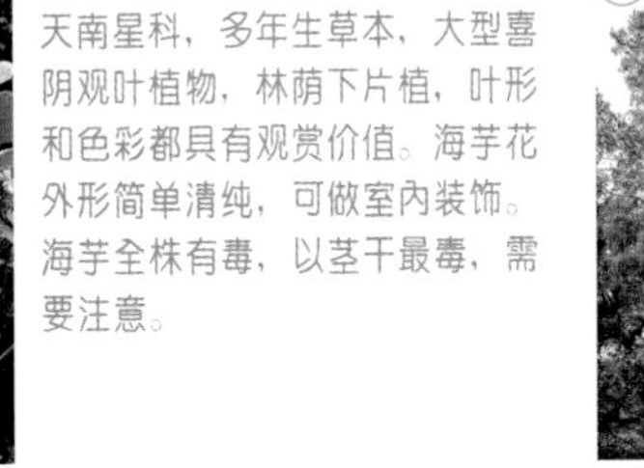

④ 植物名称：海芋
天南星科，多年生草本，大型喜阴观叶植物，林荫下片植，叶形和色彩都具有观赏价值。海芋花外形简单清纯，可做室内装饰。海芋全株有毒，以茎干最毒，需要注意。

⑤ 植物名称：枫香
金缕梅科落叶乔木，秋色树种，观赏价值高，孤植、丛植、群植均可。

⑥ 植物名称：麦冬
百合科多年生草本，成丛生长，花茎自叶丛中生出，花小，浅紫或青兰色，总状花序，花期 7 ~ 8 月。

⑦ 植物名称：池杉
是落叶乔木，速生，主干挺直，树冠尖塔形；树干基部膨大，枝条向上形成狭窄的树冠，尖塔形，形状优美；叶钻形在枝上螺旋伸展，十月变黄，具有很高的观赏价值。

黄葛榕 + 池杉 - 风车草 + 红花檵木 + 杜鹃 - 肾蕨 + 马尼拉草

池杉主干挺直，树形优美，十月叶变黄，具有季相变化，黄葛榕树冠大而密集，具有很好的遮荫效果，两种植物作为乔木层，构成景观的骨架，同时两者皆为速生树种，能快速形成景观效果。整个景观空间整体上较为通透，留出视线通道。

1
2
3

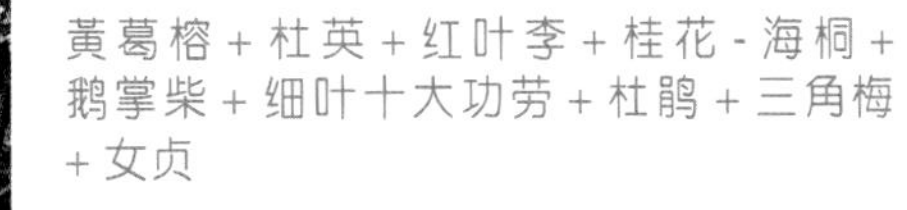

黄葛榕 + 杜英 + 红叶李 + 桂花 - 海桐 + 鹅掌柴 + 细叶十大功劳 + 杜鹃 + 三角梅 + 女贞

此处是一个缓坡地形的道路景观节点。地形本身的特点，让植物在垂直面上更加高低错落，富有变化。道路一侧配置了不同种类的乔木，而另一侧则以各种灌木球以及灌木带为主，视觉上形成对比，使景观富有变化，也符合行车要求，具有科学性原则。

①植物名称：女贞
枝叶茂密，株形整齐，是园林中常用的绿化树种，可孤植、丛植于庭院和广场。也可修剪整齐后做绿篱使用。

②植物名称：细叶十大功劳
叶形奇特，花朵黄色，可以栽植于墙下做基础种植，因叶片较尖锐，也可栽植于庭院外围作绿篱使用。

③植物名称：海桐
叶态光滑浓绿，四季常青，可修剪为绿篱或球形灌木用于多种园林造景，而良好的抗性又使之成为防火防风林中的重要树种。

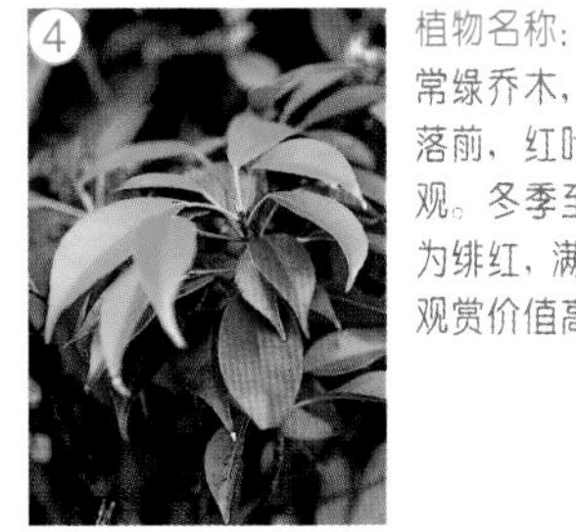

④植物名称：杜英
常绿乔木，属于速生树种。叶落前，红叶随风飘摇，十分美观。冬季至早春时节，树叶变为绯红，满树树叶，红绿相间，观赏价值高，可作景观树。

⑤植物名称：鹅掌柴
是较常见的盆栽植物，也可栽植于林下，营造不同层次的园林景观。

⑥植物名称：苏铁
常绿棕榈状木本植物，雌雄异株，世界最古老树种之一，树形古朴，茎干坚硬如铁，体型优美，制作盆景可布置在庭院和室内，是珍贵的观叶植物，盆中如配以巧石，则更具雅趣。

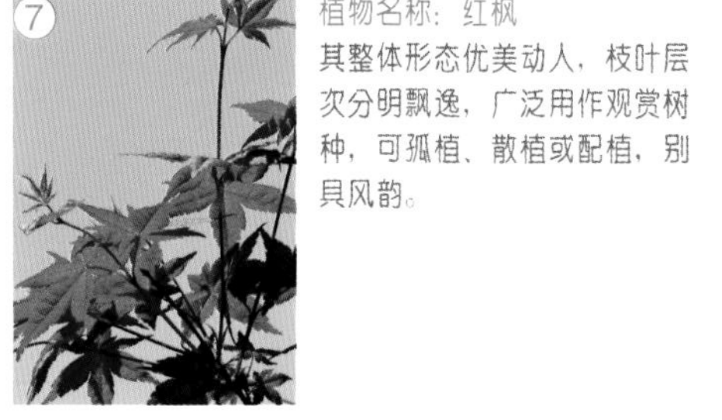

⑦植物名称：红枫
其整体形态优美动人，枝叶层次分明飘逸，广泛用作观赏树种，可孤植、散植或配植，别具风韵。

桂花 + 红枫 - 苏铁 + 海桐 + 女贞 + 丰花月季

此处植物配置以灌木为主，配合形体较小的桂花以及红枫，现代、简约、大方。桂花与红枫在树形上差别较大，一四季常青、一秋叶变红，各植一边，形成对比，运用巧妙。苏铁作为盆景，种植在容器中，放置在桌椅旁，具有很高观赏价值，整个场景植物配置配合木栈道与木质观景平台，形成了一个简约时尚的现代屋顶花园的景观效果。

东方普罗旺斯

设计单位：澳大利亚·柏涛景观
开 发 商：浙江东方蓝海置地有限公司
项目地点：浙江省嘉兴市
项目面积：235,000 平方米

嘉兴市地处北亚热带南缘，属东亚季风区，冬夏季风交替，四季分明，气温适中，雨水丰沛，日照充足，具有春湿、夏热、秋燥、冬冷的特点，因地处中纬度，夏令湿热多雨的天气比冬季干冷的天气短得多。年平均气温 15.9℃。年平均降水量 1168.6 毫米。年平均日照 2017.0 小时。（摘自网络：360 百科，嘉兴市）

项目内植物配置

乔木层：杜英、栾树、紫玉兰、紫荆、紫叶小檗、石榴、女贞、乐昌含笑、紫叶李、柿、鹅掌楸、白玉兰、三球悬铃木、银杏、五角枫、碧桃、合欢、龙爪槐、水杉、火力楠、榉树、红枫、紫薇、垂柳、国槐、桂花、木槿、朴树、乌桕、白桦、柚子、樱花等

灌木层：琴叶珊瑚、中华常春藤、洋杜鹃、红花檵木、栀子花、美人蕉、千屈菜、郁金香、细叶栀子、紫丁香、榆叶梅、山茶等

地被及草坪层：蜘蛛兰、紫叶酢酱草、福建茶、鼠尾草等

水生植物：水葱、黄花鸢尾、花菖蒲、梭鱼草、醉鱼草等

东方普罗旺斯项目是地中海风格的延续，策划和设计经过前期的产品定位，意在打造法式普罗旺斯意境的经典豪宅。历史上时光的磨砺给普罗旺斯留下了一个多建筑风格多文化遗迹的瑰丽人文美景，同时也赋予普罗旺斯一段多姿多彩的过去。岁月流逝，普罗旺斯将古今风尚完美地融合在一起，从而沉积出一个让人流连忘返的人间乐土。

东方普罗旺斯项目景观设计强调人文文化景观与自然生态景观，人文文化景观需要通过雕塑、摹刻、锻打等景观手法，体现深厚的历史与文化，自然生态景观强调自然界的那份野趣与和谐，人为地介入只是将田园风范合理的控制，从而达到质而不野的境界。

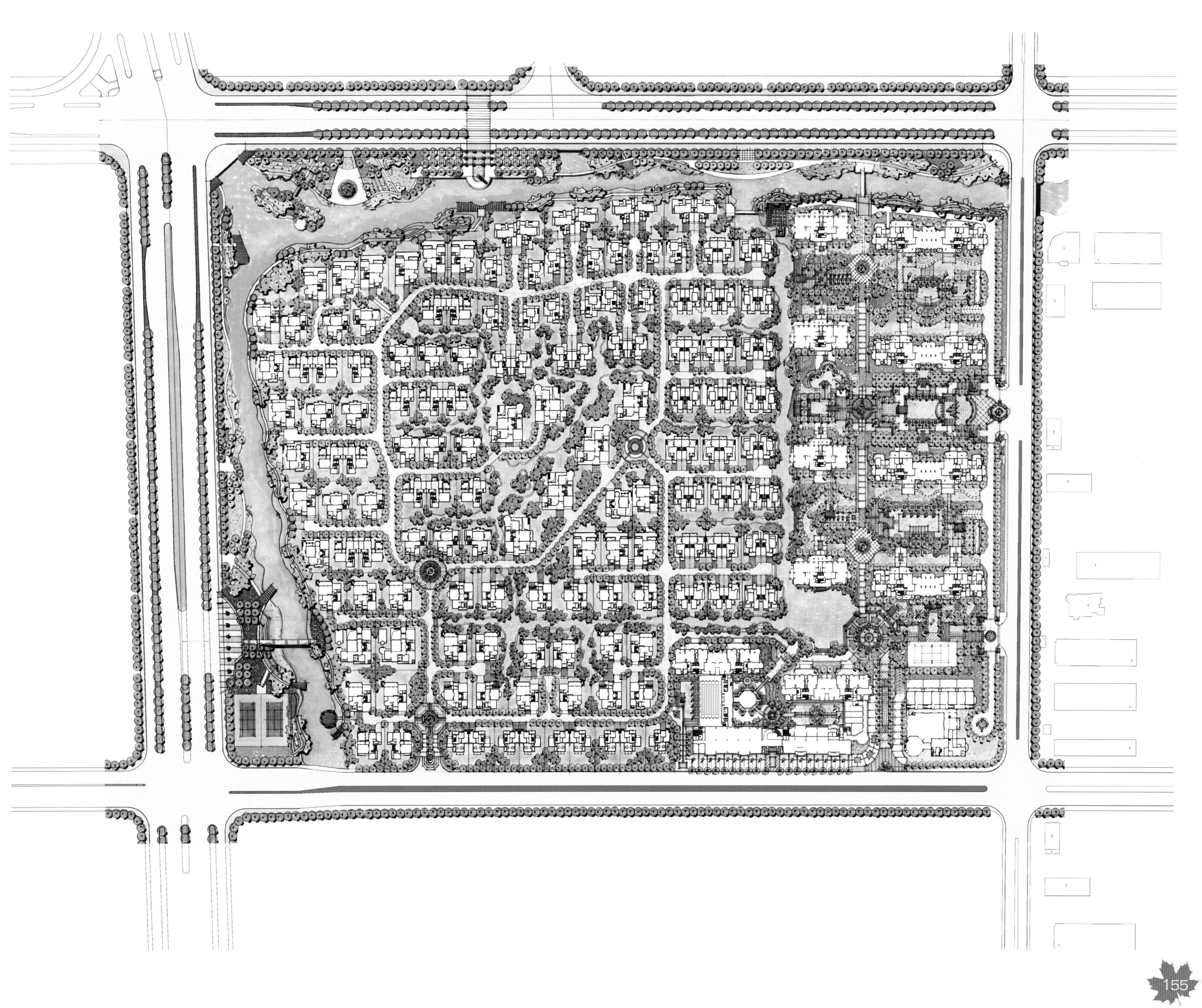

高层区

基于建筑规划与建筑设计的空间概念，景观按建筑产品高层与别墅两大类，分成两大块景观场地。高层地块的场地，空间跨度较大，有更大的纵深空间，高层区的人口密度大于别墅区的人口密度，需要更宽阔的公共活动场地。因此景观设计师创作了三个不同主题的广场，分别以西洋喷水池、 尖方碑和大型柱亭为核心。北侧的场地较狭长，由西向东延续发展。西北角的商业裙楼与高层公寓的场地边缘较参差，设计师设计了体现自然风光主题的景观，作为连接高层的景观绿色过渡区，这里有景观元素的自然水体、密植的树林、波折的水岸、隆起的丘陵，诸多要素。从这里人们就开始进入景观游廊的地带。这里的景观以凉亭、连廊、雕塑、小喷泉、花钵这些中小体量的景观元素为核心，分为四个单元。

① 

植物名称：桂花

常绿小乔木，又可分为金桂、银桂、月桂、丹桂等品种。桂花是极佳的庭院绿化树种和行道树种，秋季桂花开放，花香浓郁。

② 

植物名称：银海枣

银海枣是棕榈科刺葵属的植物，其具有耐炎热，耐干旱，耐水淹等习性，其树形高大挺拔，树冠似伞状打开，可与其他棕榈科植物搭配栽植营造热带风情景观。

③ 
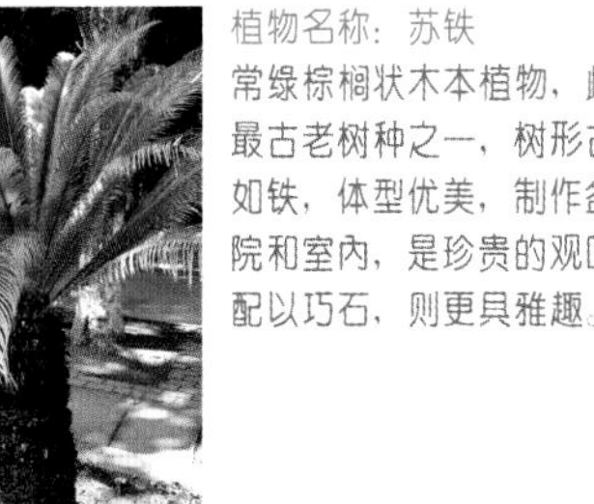

植物名称：苏铁

常绿棕榈状木本植物，雌雄异株，世界最古老树种之一，树形古朴，茎干坚硬如铁，体型优美，制作盆景可布置在庭院和室内，是珍贵的观叶植物，盆中如配以巧石，则更具雅趣。

④ 

植物名称：洒金珊瑚

叶片较大，色彩艳丽，叶片上有斑驳的金色，枝繁叶茂，因其耐阴的特点，适宜栽植于疏林下，阴湿地较常栽植。

银海枣＋桂花－洒金珊瑚＋苏铁

此节点为小区入口景观，具有引导性与识别性。桂花，四季常绿，秋有花香，对植在入口，不仅观赏价值高，还具有空间的引导指示作用。银海枣树干高大挺拔，树冠婆娑优美，具有贵族气息，此处，种植在入口中间，成为景观焦点。

植物名称：银杏

树形优美，树干高大挺拔，叶形奇特美丽，叶色秋季变为金黄色，是优良的行道树和庭院树种。

植物名称：红花檵木

常绿小乔木或灌木，花期长，枝繁叶茂且耐修剪，常用于园林色块、色带材料。与金叶假连翘等搭配栽植，观赏价值高。

植物名称：杜鹃

常绿灌木。品种丰富，花色多，是理想的植物造景材料。可栽植于林下营造花卉色带。

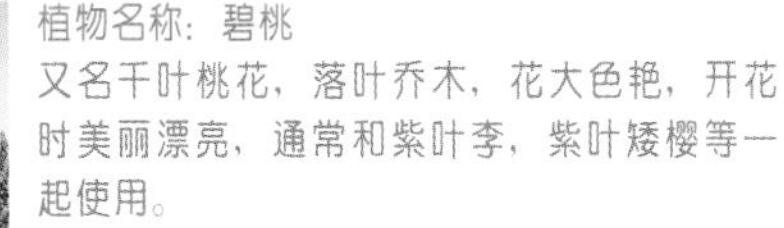

植物名称：碧桃

又名千叶桃花，落叶乔木，花大色艳，开花时美丽漂亮，通常和紫叶李，紫叶矮樱等一起使用。

火力楠 + 垂柳 + 碧桃 + 银杏 - 桂花球 + 红花檵木 + 杜鹃 - 鼠尾草 + 草

高层建筑在视觉上往往给人压抑感，需要用近自然的植物配置来减轻建筑环境给人带来的不安与压抑。此处节点植物景观设计则为主要为仿自然式配置，乔灌草层次的配置，符合自然群落植物生长的特点。水边，碧桃与垂柳的搭配，春天则形成桃红柳绿的景观，充满生机与活力。

1
2
3
4

①植物名称：海桐

叶态光滑浓绿，四季常青，可修剪为绿篱或球形灌木用于多种园林造景，而良好的抗性又使之成为防火防风林中的重要树种。

②植物名称：香樟

常绿大乔木，树形高大，枝繁叶茂，冠大荫浓，是优良的行道树和庭院树。香樟树可栽植于道路两旁，也可以孤植于草坪中间作孤赏树。

香樟＋银杏＋桂花－海桐＋红花檵木－草

此节点为宅间绿地，兼有观赏与休闲功能。此处乔木常绿（桂花、香樟）与落叶（银杏）相搭配，季相效果较为丰富，入秋，银杏叶金黄，人在其中，感受秋天的色彩，暂时忘记城市的拥挤与紧张，身心得到放松。香樟树形高大优美，具有良好的遮阴效果，能提高场地的利用率。

朴树 + 广玉兰 + 桂花 + 水杉 + 小叶紫薇 + 榆叶梅 - 石楠 + 红花檵木 + 杜鹃 + 八角金盘 - 草

此节点灌木层植物品种丰富，榆叶梅（早春）、杜鹃多种观花植物以及红花檵木、八角金盘等观叶植物，景观丰富具有生机。此处孤植桂花树形优美，四季青翠，种植在树池中，成为景观的焦点。卵石铺装结合块状草坪，十分具有特色，营造了简洁大气、质而不野的独特气质。

植物名称：小叶紫薇

落叶小乔木，又称为痒痒树，树干光滑，用手抚摸树干，植株会有微微抖动，红花紫薇的花期是5～8月，花期较长，观赏价值高。

植物名称：广玉兰

常绿小乔木，又被称作为荷花玉兰，其树形高大雄伟，叶片宽大，花如荷花，适宜孤植、群植或丛植于路边和庭院中，可作园景树、行道树和庭荫树。

植物名称：水杉

落叶乔木，树形高大笔直，秋叶变红，最宜列植于园路两旁，也可丛植或片植，也常用作园林背景树种。

植物名称：石楠

常绿乔木，树冠常为圆形，终年常绿，枝繁叶茂，叶片翠绿有光泽，初夏时节开白色小花，秋后红果满枝，色彩鲜艳，常被用作庭荫树或绿篱树种栽植在庭院中。

植物名称：榆叶梅

落叶灌木，因其叶似榆叶，花似梅花而得名，亦有重瓣品种，园林中常修剪成自然开心形，多用于草地或配植假山池畔，花多美观，是良好的观花植物。

①

植物名称：火力楠

又名醉香含笑，常绿乔木，树形美观，枝叶繁茂，花香浓郁，是园林中优良的观花乔木，也是优良的防火树种。

②

植物名称：垂柳

枝条柔软细长，最适合配植在水畔，形成垂柳依依之景，与桃花相间而种则是桃红柳绿的特色景观。

火力楠 + 银杏 + 水杉 + 垂柳 + 桂花 + 秋枫 + 榆叶梅 - 红花檵木 + 杜鹃 - 草

此节点为别墅区道路绿化景观，特色的景观花钵整齐排列，种植常绿灌木，具有方向的引导作用。水杉并适配低矮乔灌木，形成一定的茂密环境，保证了建筑环境的私密性，并且水杉树形优美，古朴典雅，肃穆端庄，入秋后色叶金黄，具有良好的观赏价值。

1
2

东方·普罗旺斯
1
2
3

别墅区

在相对狭窄的别墅区，产品的特性决定了场地的私有气质。景观设计师在这里以庭院为主题，以小空间的景观元素，如花钵、私家驳岸、优雅的围墙、灯具、情景雕塑、特色植栽为核心，创造不同主题风格的庭院景观空间。在这里，设计师更强调的是场地独享，降低公共空间的使用度，别墅区的水体形成了分割其他别墅的自然界限，设计师力图利用有人文情节的艺术小品为别墅区的景观创造精巧的细节。

植物名称：鼠尾草
唇形科多年生芳香草本植物，原产于地中海，植株灌木状，高约60cm，因品种不同，花有紫色、粉红色、白色或红色。常生于山间坡地、路旁、草丛、水边及林荫下。

植物名称：榉树
其树形优美端庄，秋季叶子变红，是优良的色叶树种，冬季叶落后露出枝干，风采依旧，适应性强，常用树孤植树或行道树。

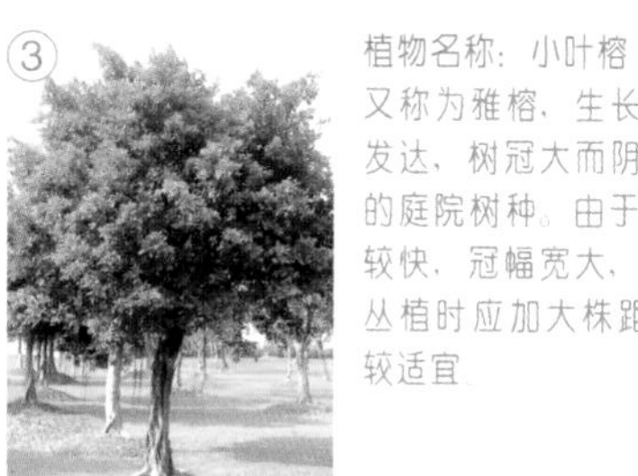

植物名称：小叶榕
又称为雅榕，生长较快，根系发达，树冠大而阴郁，是较好的庭院树种。由于其生长速度较快，冠幅宽大，如需片植或丛植时应加大株距，5米以上较适宜

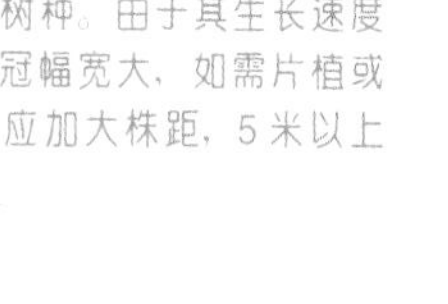

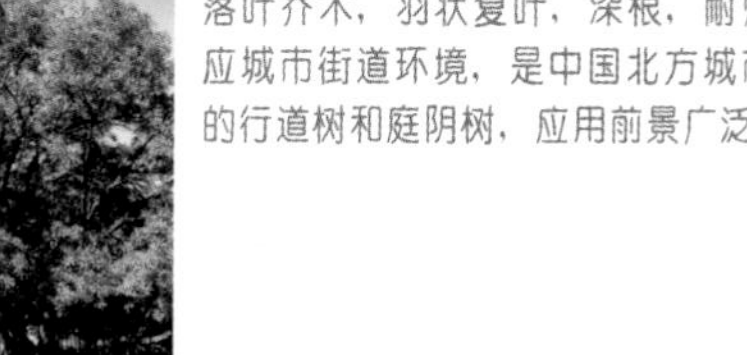

植物名称：国槐
落叶乔木，羽状复叶，深根，耐烟尘，能适应城市街道环境，是中国北方城市广泛应用的行道树和庭阴树，应用前景广泛。

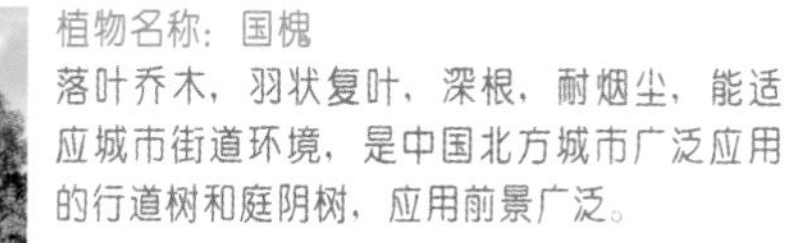

植物名称：鸡爪槭
又名鸡爪枫，落叶小乔木，叶形优美，入秋变红，色彩鲜艳，是优良的观叶树种，以常绿树或白粉墙作背景衬托，观赏效果极佳，深受人们的喜爱。

朴树 + 银杏 + 国槐 + 桂花 + 鸡爪槭 + 五角枫 - 红花檵木 + 海桐

此处为一景观节点的植物配置，此节点有四处对植，朴树对植、鸡爪槭对植、桂花对植、以及银杏对植，四种对植，大小不一，形态各异，形成了丰富的景观空间效果，特色景观墙体因此变得十分突出，充分显现了植物搭配运用的巧妙性。而下层的红花檵木等灌木地被的种植，则丰富了景观空间，让植物空间变得饱满与茂盛。

榉树 + 朴树 + 桂花 + 红叶李 + 红枫 + 火力楠 + 木槿 - 杜鹃 + 福建茶 - 草

榉树、朴树、红叶李、桂花不同种乔木群植在一起，形成了较为密闭的空间，保证了建筑空间的私密性，而近建筑的草坪种植，让整个空间显得宽敞透气，不会产生拥挤的压抑感。红枫属于小乔木，树形优雅，且为优良的观叶树种，植于建筑墙角，运用科学与巧妙。木槿盛夏季节开花，开花时满树花朵，并且花期长，在绿树丛中十分显眼。

③

植物名称：朴树

落叶乔木，树冠宽广，孤植或列植均可，且其对多种有害气体有较强抗性，也常用于工厂绿化。

④

植物名称：红叶李

又名紫叶李，落叶小乔木，树皮紫灰色，小枝淡红褐色，三月红叶李嫩叶鲜红，逐渐生长叶子变成紫色，花叶同放，花期 3～4 月，是优秀的观花、观叶树种。

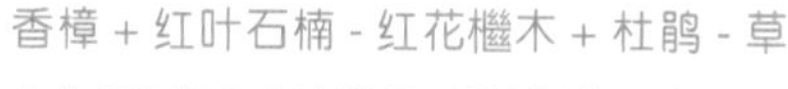

香樟 + 红叶石楠 - 红花檵木 + 杜鹃 - 草

此处植物层次简洁明了，香樟形成上层空间，球状红叶石楠形成中层空间，灌木地被则形成下层空间，植物种植形态较规则，给人明了干脆的感觉。红花檵木、杜鹃等不同色彩灌木夹杂间种，色彩上丰富，给人以生机勃勃的感觉。

植物名称：八角金盘
南天星科草本植物，叶掌状，耐阴蔽，是良好的地被植物。

桂花 + 白桦 + 白玉兰 + 木槿 - 海桐 + 红花檵木 + 八角金盘 + 杜鹃 - 草

此节点植物配置主要以灌木为主，适当点缀的乔木丰富了竖向空间效果，并且乔灌搭配主要置于围墙边缘以及建筑墙角，其余空间主要以草坪为主，这种种植方法非常适合空间狭小的建筑周边绿化，往往会给人舒适的空间感。白玉兰先花后叶，花洁白、美丽且清香，早春开花时犹如雪涛云海，蔚为壮观，并且树形优美，光影印在墙上，活泼动人，成为景观焦点。

植物名称：迎春花
花如其名，每当春季来临，迎春花即从寒冬中苏醒，花先于叶开放，花色金黄，垂枝柔软。花色秀丽，枝条柔软，适宜栽植于城市道路两旁，也可配置于湖边、溪畔、草坪和林缘等地。

植物名称：五角枫
落叶乔木，嫩叶红色，秋叶橙红，是良好的色叶树种，可作为庭荫树、行道树等。

植物名称：剑麻
多年生草本植物，数株成丛，高低不一，开花时花茎高耸挺立，白花下垂，姿态优美，一年开花两次，花期5～6月、8～9月。

植物名称：南天竹
常绿木本小灌木。南天竹叶片互生，到秋季时叶片转红，并伴有红果，株形秀丽优雅，不经人工修剪的南天竹有自然飘逸的姿态，适合栽植在假山旁，林下，是优良的景观造景植物。

植物名称：菖蒲
多年生水生草本植物，挺水花卉，花期为7～9月，花较小，常栽植于沼泽、溪边，是营造湿地公园水景，仿原生植物景观的较好水生植物材料。

植物名称：荷花
多年生水生草本植物，挺水花卉，花期为6～9月，水景造景中必选植物，荷花清新秀丽，自古以来就有“出淤泥而不染，濯清涟而不妖”的美誉，是文人墨客、摄影爱好者的心头好。

植物名称：白桦
落叶乔木，枝叶扶疏，姿态优美，树干修直，洁白雅致，可孤植、丛植于庭园、公园之中或成片栽植，形成美丽的风景林。

植物名称：再力花
多年生挺水草本植物，植株高大美观，叶色翠绿，蓝紫色花别致、优雅，是重要的水景花卉。常栽植于水边、湖畔和湿地。

朴树＋白桦＋桂花－大叶黄杨＋杜鹃＋红花檵木＋剑麻－菖蒲＋荷花＋再力花

此节点，白桦、朴树高大乔木形成了观赏的主空间，桂花、大叶黄杨等较为低矮的乔木以及灌木则形成丰富的下层观赏空间。红花檵木、剑麻、杜鹃等灌木结合置石驳岸种植，颇具自然趣味。菖蒲、荷花适当点缀在水体边缘，很好地把握了水体空间尺度。

7
6
8
5

1
2

朴树 + 乌桕 + 白桦 + 香橼 + 桂花 + 榆叶梅 - 红花檵木 + 杜鹃 - 福建茶 - 睡莲

此场景为滨水景观节点，乔灌草层次的植物搭配，结合仿自然的滨水驳岸，营造的是一种野趣和谐的绿化景观。丰富的植物层次，也产生了丰富有趣的倒影，虚实结合，很有意思。常绿与落叶树种的结合，在保证四季常绿的情况下，丰富了季相变化，春秋季，乌桕叶红艳夺目，不下丹枫，成为景观焦点。

海桐球 + 剑麻 + 红花檵木 - 再力花

此处海桐球翠绿迷人，充满生机，对植在水体两边，与水中倒影相映成趣，别有意思。红花檵木在颜色上与海桐、剑麻绿色植物形成对比，起到画龙点睛的作用。此处再力花点缀在叠石边，每到花开时节，串串紫花在片片绿叶的映衬下，别有一番情趣。

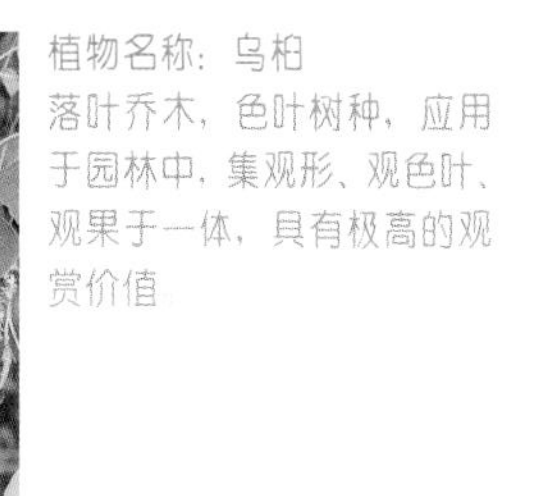

植物名称：乌桕

落叶乔木，色叶树种，应用于园林中，集观形、观色叶、观果于一体，具有极高的观赏价值

植物名称：睡莲

多年生水生草本植物，浮水花卉，花期为6～9月。睡莲花形飘逸，花色丰富，花形小巧可人，在现代园林水景中，是重要的造景植物。

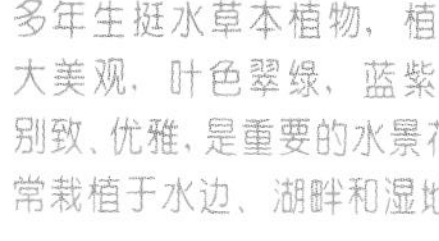

植物名称：再力花

多年生挺水草本植物，植株高大美观，叶色翠绿，蓝紫色花别致，优雅，是重要的水景花卉。常栽植于水边、湖畔和湿地。

杭州山湖印别墅

设计单位：澳斯派克（北京）景观规划设计有限公司
项目地点：浙江省杭州市
项目面积：72,000 平方米

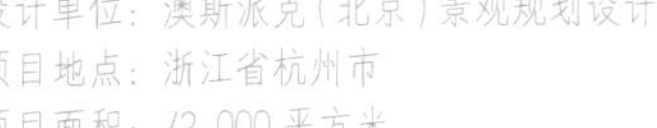

杭州处于亚热带季风区，四季分明，雨量充沛。全年平均气温 17.8℃，平均相对湿度 70.3%，年降水量 1454 毫米，年日照时数 1765 小时。夏季气候炎热、湿润，是新四大火炉之一。相反，冬季寒冷，干燥。春秋两季气候宜人。（摘自百度百科）

项目内植物配置

乔木层：香樟、老人葵、红枫、山茶、美人蕉、苏铁、鸡爪槭、竹、枇杷、金桂、小叶紫薇等

灌木层：红叶石楠、红花檵木、海桐、无刺枸骨、月季、胡椒木、法国冬青、南天竹、迎春花等

地被及草坪层：春鹃、葱兰等

水生植物：再力花、菖蒲等

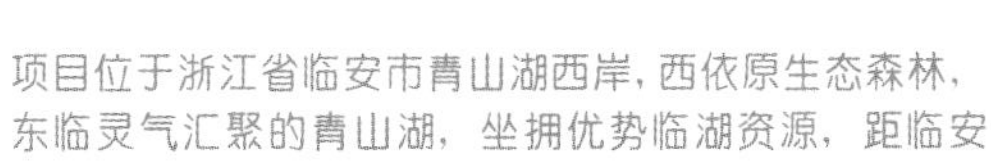

项目位于浙江省临安市青山湖西岸，西依原生态森林，东临灵气汇聚的青山湖，坐拥优势临湖资源，距临安市区 3 公里，距杭州 38 公里。

本项目定位高档独立式住宅区，本着“品质为先，创造价值”的理念，全力打造具有优良人居环境的高档社区。

在自然环境的基底下，结合建筑特色，加入自然景观元素，打造环境优美、功能齐全、别具风情的浪漫的湖景森林别墅庭院。利用景观元素，发掘人的感悟能力，增强人与自然的交流

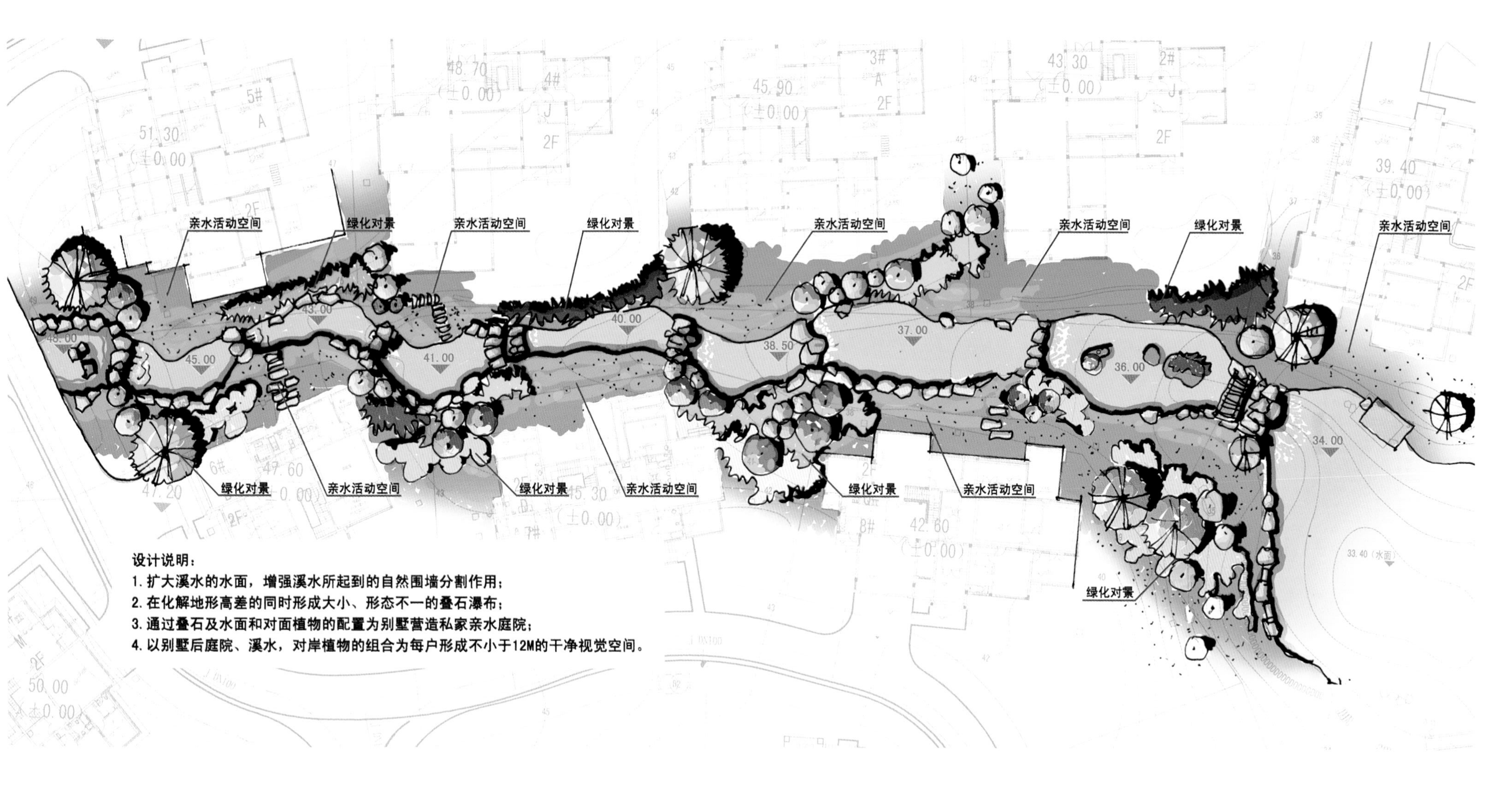

设计原则

1、追求自然生态景观风格

打开观湖面：山无水不美，水无山不秀。

利用项目本身依山傍水的优势，在住宅区内营造水域景观，既有大面积水域形成景观中心区，又将水体以溪流、浅滩等形式融于建筑住区。

道路结合地形：灵活自由。

因地制宜的道路规划，满足交通的实际需求，也符合景观线的走向，步移景异，动观为游，静观为赏。

组团式布局：创造与功能相结合的特色空间。

本案的景观设计将每个功能空间自然过渡，既能拥有相互共享的自然景观又能很好地保证每个组团内的私密性。通过挡墙、植栽有效的分隔，又能很好地与周围环境相结合。

赋予文化寓意：不同主题景观元素，演绎独特的自然与人文特色。

营造远离城市喧嚣的自然园林高档社区，设计上追求空间、动静、时间上的变化特色，各个组团间设计主题的变化，融合不同主题的特色景观元素，演绎出独特的自然与人文特色。

2、定位为以小见大，精雕细琢的设计风格

为了彰显高档社区的独具匠心，景观设计处处以人为本，对细节精雕细刻，融合中西文化和古今园林的手法，使园区既有精致灵动的自然景观，也有宛如天工的人工景观。

3、在均质的空间中通过开合有致的变化创造独特景观区域

以生态自然为根本，尊重自然，保护利用原有自然资源的前提下进行改造，创造不同功能、不同特性的主题景观区域。

4、与建筑的厚重感互为补充，营造出轻松简洁的氛围

本案的景观设计在探索现代与传统、中西融汇的居住空间中，营造诗情画意、优雅浪漫的气氛，体现人、建筑、大自然和谐统一的景观设计理念。

5、针对该区的不同特点，制定了五个设计主题

北美园：奔放、自由

日本园：宁静、禅意

欧洲园：尊贵、典雅

东南亚园：细腻、活力

自然园：生态、惬意

1
2
3
4
5

◄············

香樟＋老人葵＋红枫＋山茶－美人蕉＋红叶石楠＋红花檵木＋海桐＋苏铁－葱兰

① 植物名称：山茶
常绿乔木或灌木，中国传统的十大名花之一，品种丰富，花期2～4月，花大艳丽。树冠多姿，叶色翠绿。耐荫，配置于疏林边缘，效果极佳，亦可散植于庭院一角，格外雅致。

② 植物名称：红枫
其整体形态优美动人，枝叶层次分明飘逸，广泛用作观赏树种，可孤植、散植或配植，别具风韵。

③ 植物名称：葱兰
也被称为风雨花，植株挺立，带状栽植郁郁葱葱，因其叶片四季常绿，可成片带状栽植于花坛边缘和草坪边缘，较常使用于路边小径的地面绿化，是良好的地被植物。

④ 植物名称：老人葵
树形高大，树冠优美，生长速度快，在入口及轴线景观上应用较多。

⑤ 植物名称：苏铁
常绿棕榈状木本植物，雌雄异株，世界最古老树种之一，树形古朴，茎干坚硬如铁，体型优美，制作盆景可布置在庭院和室内，是珍贵的观叶植物，盆中如配以巧石，则更具雅趣。

⑥ 植物名称：海桐
叶态光滑浓绿，四季常青，可修剪为绿篱或球形灌木用于多种园林造景，而良好的抗性又使之成为防火防风林中的重要树种。

⑦ 植物名称：红花檵木
常绿小乔木或灌木，花期长，枝繁叶茂且耐修剪，常用于园林色块、色带材料。与金叶假连翘等搭配栽植，观赏价值高。

雅致小院
MAIL BOX

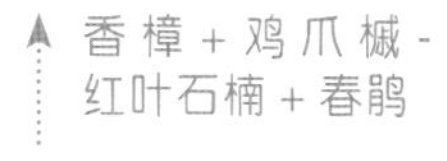

香樟＋鸡爪槭－红叶石楠＋春鹃

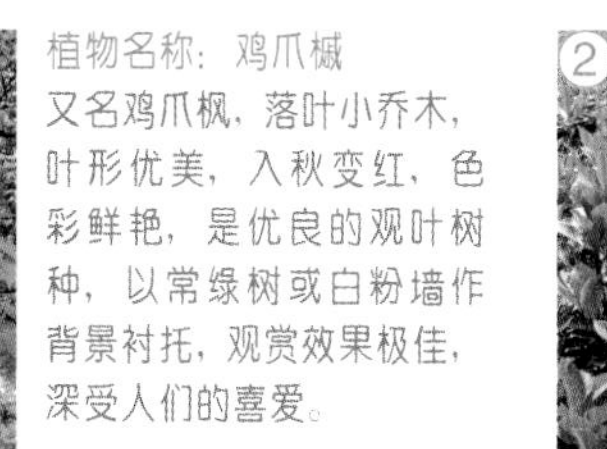

植物名称：鸡爪槭
又名鸡爪枫，落叶小乔木，叶形优美，入秋变红，色彩鲜艳，是优良的观叶树种，以常绿树或白粉墙作背景衬托，观赏效果极佳，深受人们的喜爱。

植物名称：红叶石楠
常绿小乔木，红叶石楠春季时新长出来的嫩叶红艳，到夏季时转为绿色，因其具有耐修剪的特性，通常被做成各种造型运用到园林绿化中。

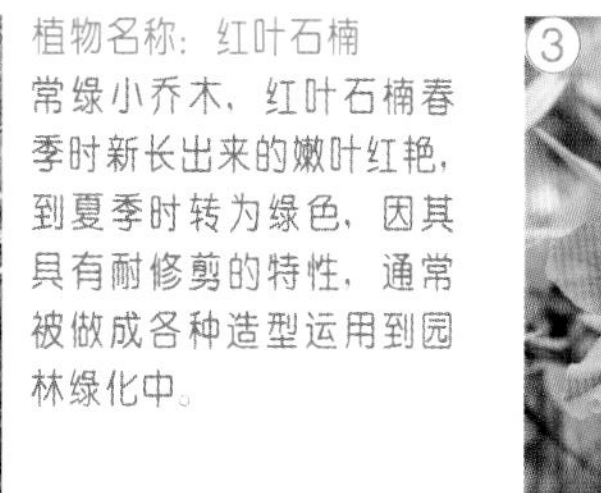

植物名称：春鹃
常绿灌木，属于杜鹃的一种，春季开花，花色美丽，较耐阴，可栽植于林下，营造乔灌草多层次景观。

植物名称：香樟
常绿大乔木，树形高大，枝繁叶茂，冠大荫浓，是优良的行道树和庭院树。香樟树可栽植于道路两旁，也可以孤植于草坪中间作孤赏树。

① 植物名称：再力花

多年生挺水草本植物，植株高大美观，叶色翠绿，蓝紫色花别致、优雅，是重要的水景花卉。常栽植于水边、湖畔和湿地。

② 植物名称：迎春花

花如其名，每当春季来临，迎春花即从寒冬中苏醒，花先于叶开放，花色金黄，垂顺柔软。迎春花花色秀丽，枝条柔软，适宜栽植于城市道路两旁，也可配植于湖边、溪畔、草坪和林缘等地。

③ 植物名称：南天竹

常绿小灌木，枝叶细而清雅，花小白色，强光下叶色变红，可点缀或片植，也可作为盆景，中国古典园林常用植物。

④ 植物名称：灯心草

多年生常绿草本植物，植株茎秆挺拔，株形秀丽，是优良的水景装饰植物，事宜栽植在水边、溪畔等地，能够营造一种幽静、古朴的景观意境。

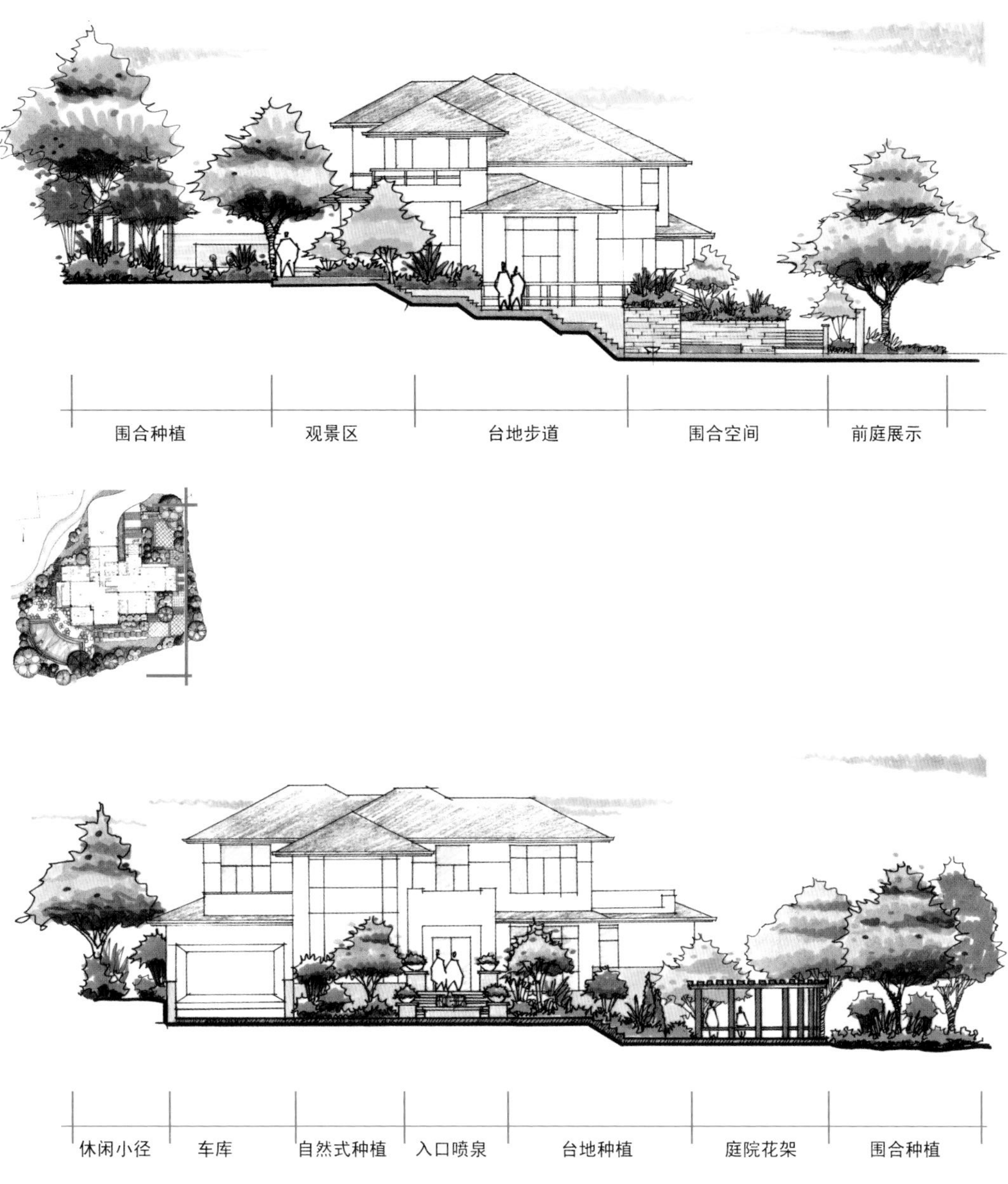

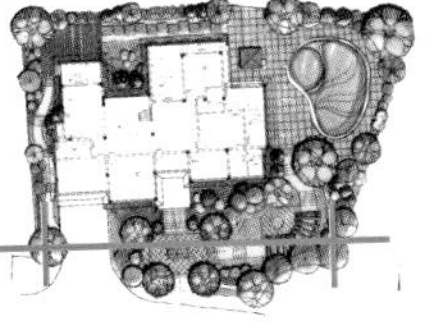

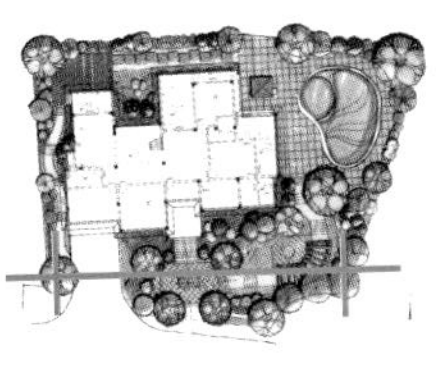

鸡爪槭 - 红叶石楠 + 海桐 + 南天竹 - 迎春花 + 再力花 + 灯心草

植物名称：金桂
常绿小乔木，金桂是极佳的庭院绿化树种和行道树种，花色金黄，花香浓郁。

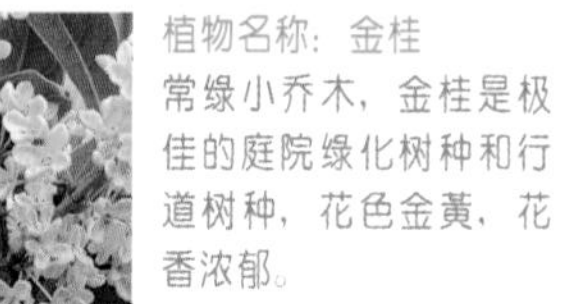

植物名称：枇杷
喜光，喜温暖气候，稍耐阴，稍耐寒，不耐严寒。可栽植于庭前屋后。

植物名称：黄金间碧竹
又称为青丝金竹，竹竿金黄色，竹间有宽窄不一的绿色纵条纹路。可栽植于庭院、建筑物墙边等地。

植物名称：银杏
树形优美，树干高大挺拔，叶形奇特美丽，叶色秋季变为金黄色，是优良的行道树和庭院树种。

植物名称：无刺枸骨
叶形奇特，叶片亮绿革质，四季常绿，秋季果实为朱红，颜色艳丽，是良好的观叶、观果植物，可以栽植于道路中间的绿化带和庭院角落。是枸骨的变种，叶片与枸骨相比，圆润无刺。

植物名称：香泡
常绿小乔木，喜温暖的气候环境，花期较长，芬芳馥郁，果实较大，是良好的观花观果绿化植物，可栽植于城市公园、别墅庭院内。

植物名称：法国冬青
又名珊瑚树，优良的常绿灌木，耐修剪，抗性强，常用作绿篱。

植物名称：月季
观花灌木，阳性，耐寒，花色丰富，花期长，管理粗放，可丛植、片植、行植。

植物名称：美人蕉
多年生直立草本，枝叶茂盛，花大色艳，花色多，花期长，适应力强，养护管理较为粗放，经济实用，常应用于道路分车道、花坛、水边以及厂区附近。

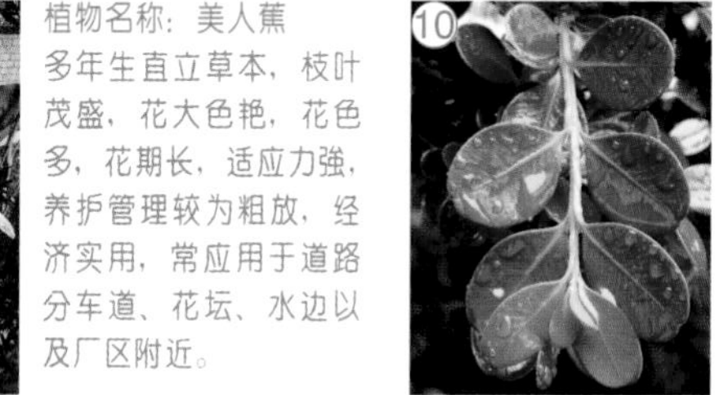

植物名称：胡椒木
常绿灌木，叶形卵形可爱，叶色亮绿清新，具有微微清香，适合于花坛、花境和花槽等处的绿化装饰，也可栽植作为地被使用。

植物名称：小叶紫薇
落叶小乔木，又称为痒痒树，树干光滑，用手抚摸树干，植株会有微微抖动，红花紫薇的花期是5～8月，花期较长，观赏价值高。

香泡＋银杏＋小叶紫薇－法国冬青＋鸡爪槭＋美人蕉＋红叶石楠－红花檵木＋月季＋胡椒木＋春鹃

6
7
8
9
10
11

Muni

Central China

中部篇

——市政公园植物景观分析

cipal

上海月圆园雕塑公园

设计单位：ATLAS
项目性质：旅游度假区主题公园
项目地点：上海市
项目面积：570,000 平方米

上海属亚热带海洋性季风气候。春天温暖，夏天炎热，秋天凉爽，冬天阴冷，全年雨量适中，季节分配比较均匀。总的说来就是温和湿润，四季分明。（摘自网络：上海气象局）

项目内植物配置

乔木层：浙江樟、香樟、法国梧桐、广玉兰、雪松、桂花、落羽杉、银杏、乌桕、枫香、三角枫等

灌木层：红枫、金丝梅、花叶黄杨、茶梅、金叶女贞、月季、八角金盘、木槿、紫薇、紫叶小檗等

地被及草坪层：杜鹃、红花酢浆草、石蒜、二月兰、葱兰、花叶长春蔓、多种菊类植物等

设计定位

上海佘山月圆园雕塑公园是上海市松江区政府和台湾金宝山集团共同建设的一座集自然风景与现代造景艺术的雕塑艺术园区，是度假区在核心区内旅游开发的重点项目之一，是一座集会议住宿、高档餐饮、温泉洗浴、名家雕塑展示、大众休闲等功能于一体的综合性度假景区。

承载着曹日章先生梦想的月圆园，处处皆精细，移步是风景。它秉持对艺术百分之百的纯粹和执着，成就了"艺术化、景观化、人性化、科技化"的四化合一，同时也成为都市人回归自然、享受艺术的"休闲新天地"。

设计理念

佘山月圆园艺术园以"保护自然、创造人文"为理念，依托山林、月湖资源，精心创设了寓意为春、夏、秋、冬四大主题的功能性区域景观。园内有来自荷兰、加拿大、德国、日本等 10 多个国家的雕塑大师创作的 20 余座现代雕塑作品，作品涵盖了石雕、陶艺、铸铜等雕塑造型语言，为山水风景的完美组合。

艺术园是一个融合了创造、培育和鉴赏功能为一体的艺术主题公园，为大众提供了一个亲近艺术、感染艺术的新空间。艺术园区在整体景观设计中采用四季为主题，即以春、夏、秋、冬将园区分为四个相对独立的区域。每个区域以不同的植被和建筑表现各区不同的自然风光。

设计主题

春区：游客在进入园区时就能感受到春的温暖，春的气息。区内有游客服务中心、水上舞台、水晶宫、观景平台等表现春意盎然的休闲服务点。

夏区：利用月湖的天然湖泊优势和近 5000 吨黄沙修建的人造沙滩，使游客感受到真实的夏日海滩的气息。矗立在夏岸的有真树、假树共同组成的高 12 米，直径达 1 米多的数棵大榕树是园区的另一亮点，树上观景台是欣赏园区风景的最佳位置。

秋区：秋区主要是有婚纱馆和秋月坊。建筑理念别具一格，手法体现独特。秋区给人带来那种成熟和惬意的秋韵，同时，又能享受到艺术大师为游客创造的现代与自然结合的景观美感。

冬区：小佘山附近的冬区有湖心亭、综合配套设施楼。一如所有精神世界丰富而细微的成功者，月圆园的规划设计者，从不忽略任何细枝末节，力求完美精致，以从不懈怠的热忱、从不停止的自我要求和对艺术的无限追求，使月圆园成为传世名园。

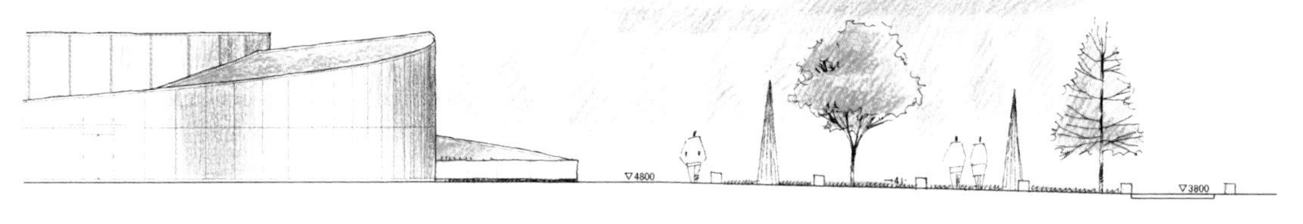

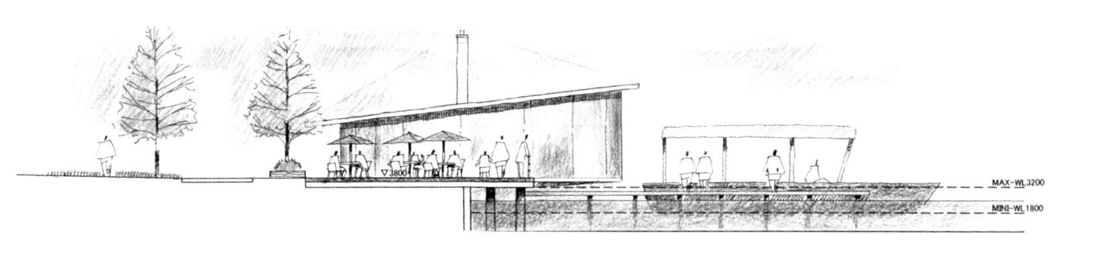

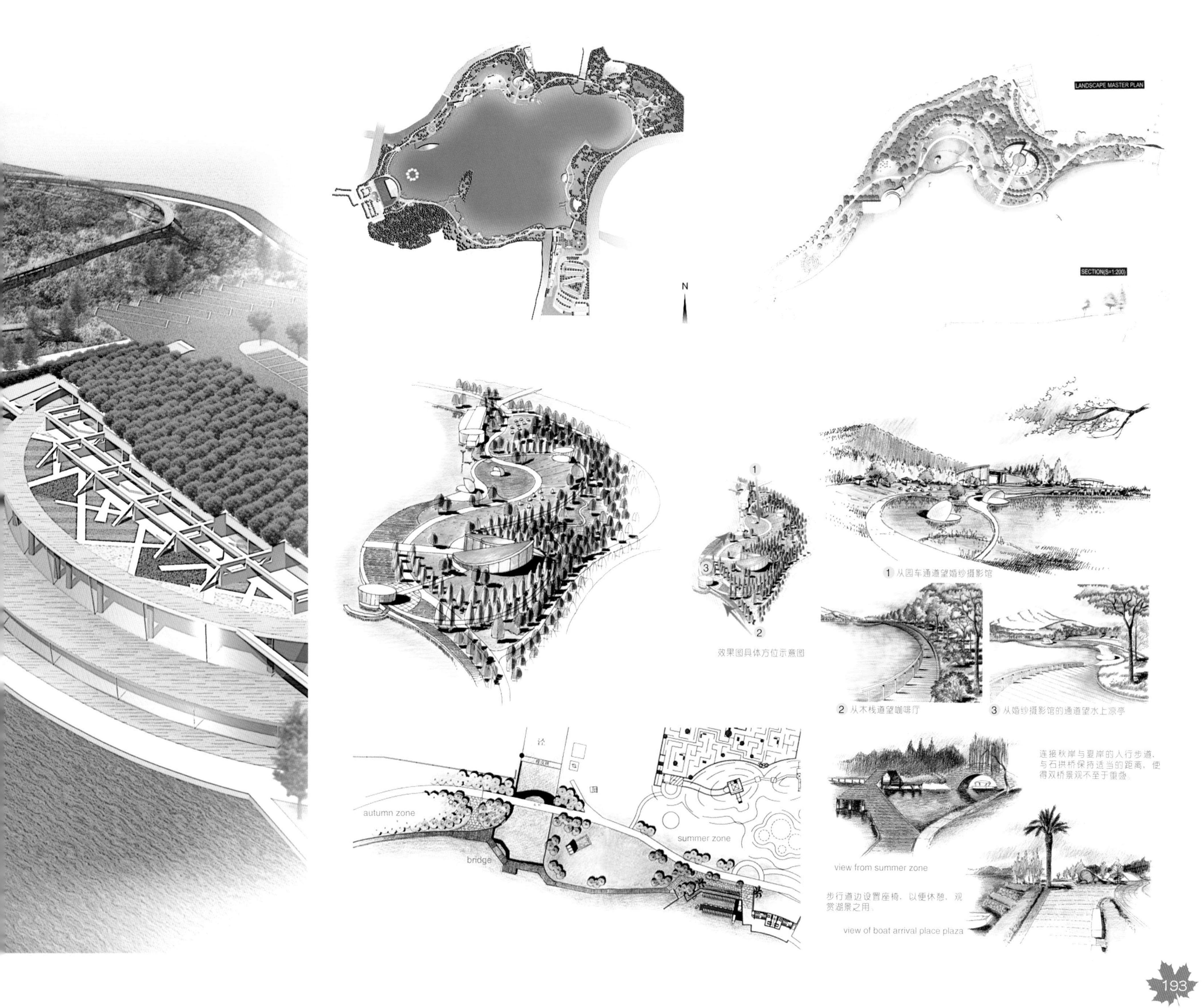

效果图具体方位示意图

1 从园车通道望婚纱摄影馆

2 从木栈道望咖啡厅

3 从婚纱摄影馆的通道望水上凉亭

连接秋岸与夏岸的人行步道，与石拱桥保持适当的距离，使得双桥景观不至于重叠。

步行道边设置座椅，以便休憩，观赏湖景之用。

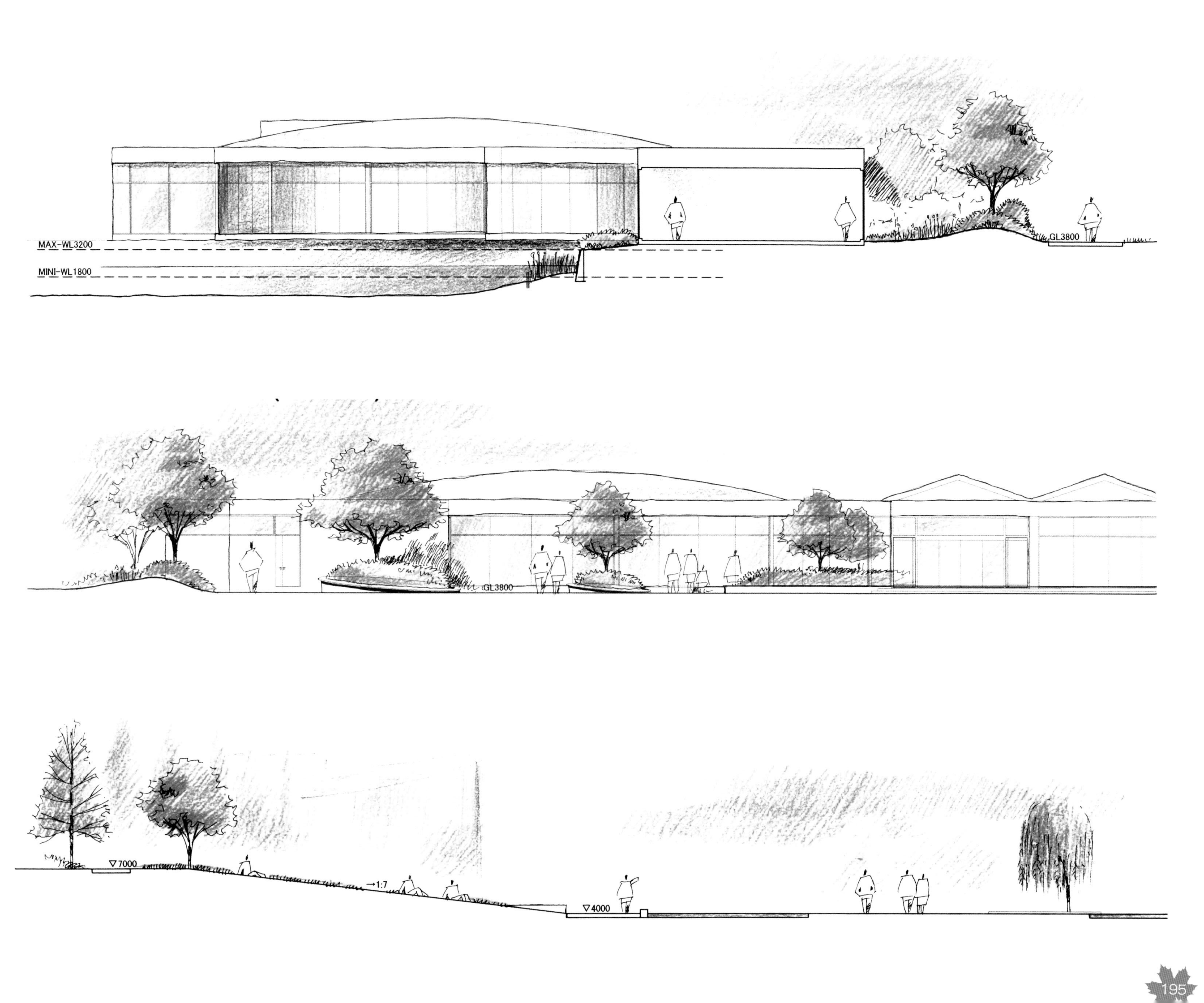
MAX-WL3200
MINI-WL1800
GL3800
GL3800
▽7000
→1:7
▽4000

1:7
▽4000

197

植物名称：垂柳

枝条下垂，常植于水边，营造特别的滨水景观效果。杨柳依依，颇具意味，清风徐来，柳枝摇曳，倒映水中，诗情画意。

植物名称：乐昌含笑

树形高大优美，枝叶翠绿浓密，花白色，大而芳香，常用于作庭荫树及行道树。

植物名称：金叶女贞

常绿灌木，生长期叶子呈黄色，与其他色叶灌木可修剪成组合色带，观赏效果佳。

垂柳 + 乐昌含笑 - 金叶女贞 - 马尼拉草

随风飘舞的柳枝与潋滟的湖水从来都是最佳搭档，此处植物配置简洁明了，下层仅用地被收边，常绿的乐昌含笑为草坪中的雕塑提供背景；风可以从树的枝干间穿过，为在后方草坪上游憩的游人带来山与水的气息。

浙江樟 - 金丝梅 + 金边黄杨 + 杜鹃

上层如大伞一般的常绿大乔木为此处平台界定休憩空间，平台前方种植春鹃带，春季花开粉红艳丽，而休闲坐凳后方山坡上遍植金丝梅，其花期为 4 ~ 7 月，届时则黄花遍野，两侧花叶黄杨四季皆白绿相间，故此处面朝湖水，各季都是宜人的湖光山色。

植物名称：浙江樟

又名大叶天竺桂，树姿优美，树冠生长快，易成绿荫，观赏价值高而病虫害少，常用于做行道树及庭荫树。

植物名称：朴树

落叶乔木，树冠宽广，孤植或列植均可，且其对多种气体有较强抗性，也常用于工厂绿化。

植物名称：金丝桃

在长江以南地区四季常绿，夏季花开金黄色，花蕊亭亭玉立，是优良的庭院植物，配植或片植都有异常美丽的景观效果。

植物名称：金边黄杨

常绿灌木，叶绿色有黄白色斑纹，常修剪为绿篱或用于布置花坛。

浙江樟＋榉树＋落羽杉＋雪松＋马尼拉草

常绿乔木浙江樟为基调树种，保证了四季绿量，在季相上以常绿和落叶相搭配，在秋季色彩丰富，冬季则有疏密对比；草坪上点缀几株大树，雪松、榉树、落羽杉等则组织在外围，起到了围合空间的作用，而树形优美的榉树与竖向线条感级强的落羽杉在四季都是这个空间极佳的背景，与更远处的山峦的起伏形成了优美天际线。

植物名称：落羽杉

落叶乔木，春季发芽时清新秀丽，夏季则枝叶茂盛，入秋变成黄褐色，四季景色不同，而其挺拔的树形则常作为背景林或在水边栽植观其倒影。

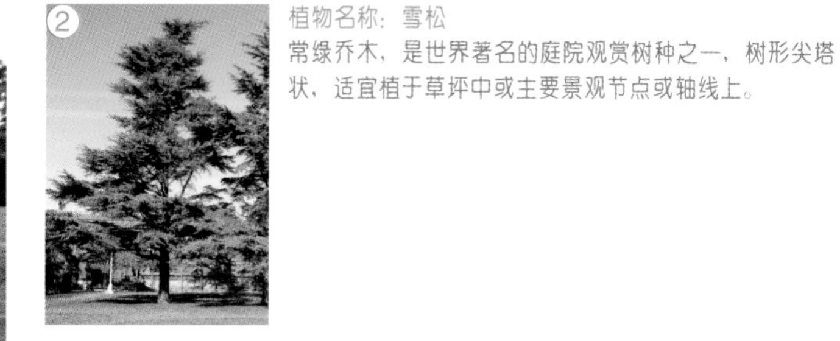

植物名称：雪松

常绿乔木，是世界著名的庭院观赏树种之一，树形尖塔状，适宜植于草坪中或主要景观节点或轴线上。

植物名称：榉树

其树形优美端庄，秋季叶子变红，是优良的色叶树种，冬季叶落后露出枝干，风采依旧，适应性强，常用树孤植树或行道树。

法国梧桐 - 茶梅 + 法国冬青 + 杜鹃

此处观景平台对原生乔木进行了利用，树干斑白奇异，具有不错的观干效果，增加平台趣味的同时又保证了此处良好的观景视线，下层以适合疏林下生长的春鹃为地被，可以春季增添山花烂漫的效果。

① 植物名称：法国冬青

又名珊瑚树，优良的常绿灌木，耐修剪，抗性强，常用作绿篱。

② 植物名称：法国梧桐

又名三球悬铃木，树干高大，枝叶茂密，生长迅速，易于成活，对二氧化硫等有毒气体有较强抗性，上海市广泛用作行道树。

③ 植物名称：茶梅

常绿花灌木，花多美丽，常用于林边，墙角作为精致配植，也可作为花篱及绿篱。

④ 植物名称：杜鹃

常绿灌木。品种丰富，花色多，是理想的植物造景材料。可栽植于林下营造花卉色带。

长沙梅溪湖桃花岭山体公园

设计单位：深圳奥雅设计股份有限公司
项目地点：湖南省长沙市
项目面积：230,000平方米

长沙冬寒时间短、四季分明。1 月平均气温 7℃左右，平地冰雪少见;7 月 30℃左右，长沙、衡阳一带 也是长江流域夏季热中心之一。年降水量 1500 ~ 1700 毫米。3 ~ 6 月降水占全年 70% ~ 80%，7 ~ 8 月常有伏旱。夏日酷热。最高气温≥ 35℃日子在 20 天以上。（摘自天气网）

项目内植物配置

乔木层：白玉兰、垂柳、垂丝海棠、朴树、香柚、杜英、香樟、枫香、广玉兰、合欢、红枫、红果冬青、红花木莲、红梅、花石榴、金桂、榉树、榔榆、乐昌含笑、栾树、木槿、鹅掌楸、水杉、桃花、银杏、乌桕、无患子、天竺桂、西府海棠、杨梅、樱花、早园竹、紫玉兰等

灌木层：紫荆、紫薇、海桐、金边黄杨、金叶女贞、八角金盘、南天竹、山茶花、紫叶小檗等

地被及草坪层：金边黄杨、金叶女贞、美女樱、红花酢浆草、马蹄金、沿阶草、白三叶、二月兰、石蒜、葱兰等

水生植物：水生美人蕉、再力花、芦竹、水葱、睡莲等

梅溪湖片区是长沙新城市建设的重点区域，片区中的桃花岭景区环境优美，特色鲜明，桃花岭公园则位于桃花岭景区西北部。

景观设计延续了桃花岭风景区的山体风貌及景观特征，其设计愿景为“梅溪湖畔桃花源，桃花岭间水云天”，力求设计一个平和宁静、自然悠远的开放式山水公园。

公园分为五大功能区：入口区“粉桃迎客”、景观跌溪区“林涧探踪”、景观水库区“镜水云天”、特色水景区“水彩桃源”、生态草甸区“觅香闲步”，设计风格和元素援引地方花型、水系形态和山地肌理，强调桃花岭公园对成长中的新城市远景和提升生活品质的贡献。设计遵循了将自然生态景观融入到游赏过程的生态性原则，建立了人与自然的互惠关系，并从协调生态、社会、人文、经济效益关系和谐发展的大局出发，体现了对历史文化资源，以及对公众性的尊重。

①
②
③
④

植物名称：水生美人蕉
多年生草本，花有粉色、黄色或红色，可用于浅水绿化，观赏性佳。

植物名称：再力花
多年生挺水草本植物，植株高大美观，叶色翠绿，蓝紫色花别致、优雅，是重要的水景花卉。常栽植于水边、湖畔和湿地。

植物名称：水葱
株形奇趣，株丛挺立，具有独特的观赏价值，常与荷花、睡莲、慈姑等互相配合，构成优美的滨水景观效果。

植物名称：睡莲
多年生水生草本植物，浮水花卉，花期为6～9月，睡莲花形飘逸，花色丰富，花形小巧可人，在现代园林水景中，是重要的造景植物。

植物名称：海桐
叶态光滑浓绿，四季常青，可修剪为绿篱或球形灌木用于多种园林造景，而良好的抗性又使之成为防火防风林中的重要树种。

垂柳＋银杏＋桃－紫薇＋紫荆＋海桐－水生美人蕉＋再力花＋水葱＋睡莲

此处群山环抱，山水相依，湖面像一面镜子般应照着山林，宽阔的水面仅周边配以景石及各种挺水和浮水植物，丰富了驳岸并衬托出湖水的纯净，为突出自然的山色，岸边植物配置以中下层植物的多样性为主，桃与柳是水畔最佳组合，紫荆和紫薇又在春夏为此增色不少。

植物名称：金边黄杨
常绿灌木，叶绿色有黄白色斑纹，常修剪为绿篱或用于布置花坛。

植物名称：桃树
落叶小乔木，树冠宽广或平展，花先于叶开放，观花效果好。常与常绿树种搭配，或成片种植，形成良好的时令景观。

植物名称：芦竹
多年生大型草本植物，高大直立，常用于水岸河畔绿化，富有野趣。

植物名称：紫荆
落叶小乔木或灌木，具有耐寒性，耐修剪能力较强，花先于叶开放，簇生于枝干上，花期一般在春季，花色鲜艳，盛花期时，有一种花团锦簇，枝叶扶疏的景象。紫荆可列植于操场等地，也可孤植于庭院中，更有家庭美满的寓意。

植物名称：垂柳
枝条柔软细长，最适合配植在水畔，形成垂柳依依之景，与桃花相间而种则是桃红柳绿的特色景观。

植物名称：铺地柏
铺地柏：常绿小灌木，枝叶繁茂，常匍地而生。

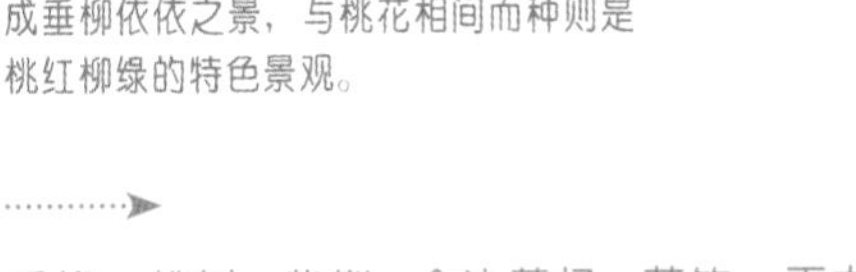

垂柳 + 桃树 - 紫荆 - 金边黄杨 - 芦竹 + 再力花

小桥流水是此处的景观特点，桥的两端由两棵高大的垂柳构成此处的画面感，同时起到点景的作用，其余岸线则是树形更为平展舒展的桃树和小规格的垂柳，打开了河岸的视线，背景中的大草坪尽收眼底，而景石与芦竹相配则突显了野趣。

3
4
5
6

植物名称：金叶女贞
叶色金黄，具有较高的绿化和观赏价值。常与红花檵木配植做成不同颜色的色带，常用于园林绿化和道路绿化中。

植物名称：红叶石楠
常绿小乔木，红叶石楠春季时新长出来的嫩叶红艳，到夏季时转为绿色，因其具有耐修剪的特性，通常被做成各种造型运用到园林绿化中。

植物名称：桂花
木犀科木犀属常绿灌木或小乔木，亚热带树种，叶茂而常绿，树龄长久，秋季开花，芳香四溢，是我国特产的观赏花木和芳香树，主要品种有丹桂、金桂、银桂、四季桂。

植物名称：刚竹
竹杆挺拔秀丽，枝叶翠绿，常配植于建筑物前后做基础种植，也可栽植于山坡、假山处用作点缀和烘托意境。

植物名称：紫薇
落叶小乔木，又称为痒痒树，树干光滑，用手抚摸树干，植株会有微微抖动，红花紫薇的花期是5～8月，花期较长，观赏价值高。

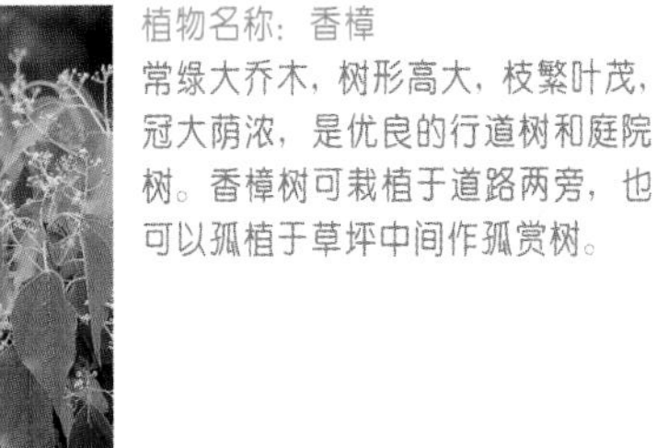

植物名称：香樟
常绿大乔木，树形高大，枝繁叶茂，冠大荫浓，是优良的行道树和庭院树。香樟树可栽植于道路两旁，也可以孤植于草坪中间作孤赏树。

植物名称：美女樱
多年生草本植物，花色丰富，性强健，可作盆花或布置于花坛。

桂花＋刚竹－茶梅＋红叶石楠－金边黄杨＋金叶女贞＋美女樱

前景中的两个树池造型突出，秉具休息和分隔空间的功能，而两株树形饱满的桂花支撑了此处所需的体量感，若用树形舒展的树种或许又是别样的视觉效果，廊架后方的草坪作了留白处理，为此处大面的硬质广场增添了软质的活动界面，后退的林界线也增大了空间感。

1
2
3
4
5
6
7

朴树＋秋枫＋香樟＋桂花＋银杏－茶梅＋红叶石楠－金边黄杨＋金叶女贞

此处铺装的流动性暗示了此空间的活动与引导性，在关键的转折处种植大乔木点景并引导视线与人流，色彩丰富的地被则同样延续了流动的感觉，廊架下供游人稍作休息，廊架背后婆娑的竹子带来光与声的变化，为休憩者增添几分情趣。

① 植物名称：茶梅
常绿花灌木，花多美丽，常用于林边，墙角作为精致配植，也可作为花篱及绿篱。

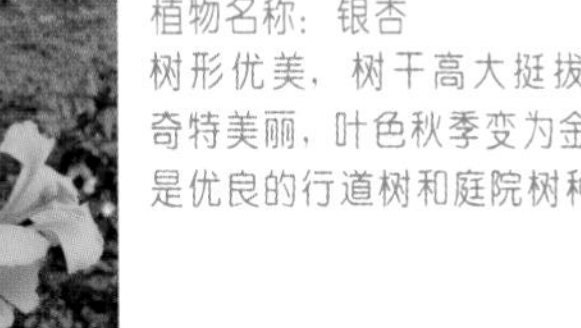

② 植物名称：银杏
树形优美，树干高大挺拔，叶形奇特美丽，叶色秋季变为金黄色，是优良的行道树和庭院树种。

③ 植物名称：朴树
落叶乔木，树冠宽广，孤植或列植均可，且其对多种有害气体有较强抗性，也常用于工厂绿化。

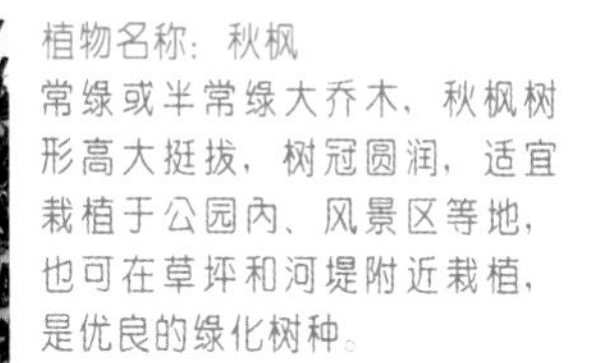

④ 植物名称：秋枫
常绿或半常绿大乔木，秋枫树形高大挺拔，树冠圆润，适宜栽植于公园内、风景区等地，也可在草坪和河堤附近栽植，是优良的绿化树种。

赛门铁克成都企业园区

设计单位：SWA
项目地点：四川省成都市
项目面积：10,000 平方米

成都属亚热带季风气候，具有春早、夏热、秋凉、冬暖的气候特点，年平均气温 16 摄氏度，年降雨量 1000mm 左右。成都气候的一个显著特点是多云雾，日照时间短。民间谚语中的“蜀犬吠日”正是这一气候特征的形象描述。成都气候的另一个显著特点是空气潮湿，因此，夏天虽然气温不高（最高温度一般不超过 35℃），却显得闷热；冬天气温平均在 5℃以上，阴天多，空气相对干燥。成都的雨水集中在 7、8 两月，冬春两季干旱少雨，极少冰雪。（摘自网络：360 百科，四川成都市）

项目内植物配置

乔木层：桢楠、孝顺竹

灌木层：金叶女贞、红花檵木

地被及草坪层：混播草草坪

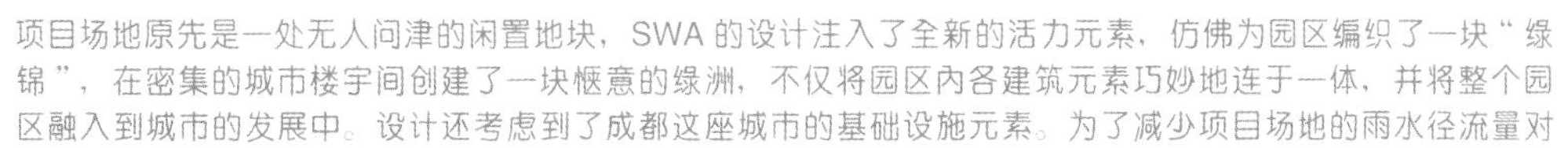

项目场地原先是一处无人问津的闲置地块，SWA 的设计注入了全新的活力元素，仿佛为园区编织了一块“绿锦”，在密集的城市楼宇间创建了一块惬意的绿洲，不仅将园区内各建筑元素巧妙地连于一体，并将整个园区融入到城市的发展中。设计还考虑到了成都这座城市的基础设施元素。为了减少项目场地的雨水径流量对周边环境的影响，项目设计中建造了一个大型的雨水过滤花园，使得这一常见的基础设施问题迎刃而解。此外，建立结构紧凑的建筑屋顶花园系统，也为这处城市户外空间提升了功能性与环保性。

植物名称：红花檵木
常绿小乔木或灌木，花期长，枝繁叶茂且耐修剪，常用于园林色块、色带材料。与金叶假连翘等搭配栽植，观赏价值高。

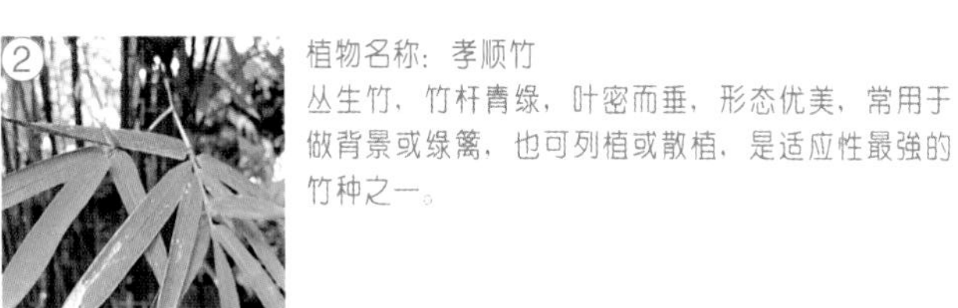

植物名称：孝顺竹
丛生竹，竹杆青绿，叶密而垂，形态优美，常用于做背景或绿篱，也可列植或散植，是适应性最强的竹种之一。

植物名称：金叶女贞
叶色金黄，具有较高的绿化和观赏价值。常与红花檵木配植做成不同颜色的色带，常用于园林绿化和道路绿化中。

企业园区的绿化种植不同于一般的小区庭院绿化，植物种植并非越密越好，植物品种也不是越丰富越佳，它需要营造的是一种商业氛围下的景观绿色空间，植物配置要求简而精，要求与园区建筑环境相呼应。

作为现代化企业的休闲空间，此处景观设计总体营造的是简洁而又富有活力的景观场景。植物配置上主要以桢楠（乔木）+ 竹子 - 红花檵木 + 金叶女贞 - 混播草坪模式为主，植物品种虽不是很丰富，但层次分明。桢楠丛植，搭配混播草坪，金叶女贞、红花檵木则成团种植在碎石之中，配合木栈道，景观置石，给人一种洗练简洁大气的感觉，置身此场景，便有一种神清气爽、充满创造力的神奇感觉。在色彩搭配上，主要以常绿为主，金叶女贞与红花檵木在色彩上做简单的点缀，起到画龙点睛的作用，整个色彩搭配统一而有变化，毫不夸张，稳重而富有活力，与现代化的办公空间十分和谐，简约、大气。此处桢楠、孝顺竹在树形上都偏向纵发展，不会使空间显得拥挤，并且会给人以一种积极向上的正能量，金叶女贞、红花檵木洒脱而又有秩序感，非常符合办公空间的气质品格。

总之，此景观空间成功地营造了一种简单、时尚、富有创造力的现代化的绿化场景。

Busi

Central China

中部篇

——商业中心植物景观分析

ness

上海佘山玺樾

设计单位：深圳奥雅设计股份有限公司
业　　主：上海北方城市发展投资有限公司
项目地点：上海市
项目面积：191,523平方米

全区景观设计从“山玺樾”出发，从“翠山环抱，碧水为玺，道樾似锦”的概念推演开来，分别将外围带状公园，社区中心水系，社区主环道进行定位，旨在通过景观组织形态的重新勾勒，给予人们具有现代中式园林大家风范的空间感受。

会所示范区充分利用社区集市景观面积，通过对会所南北两侧花园整体化的景观设计定位，结合中式传统园林中“园中园”的设计方式，景观带上串联不同主题景观花园，形成步移景异之意境，打造出花园别墅的整体形象。

通过对场地关系的充分利用，结合建筑功能，巧妙得对水体、植物、构件的配置与差异化设计，形成立意丰富而和谐统一的园林设计。

上海属亚热带海洋性季风气候。春天温暖，夏天炎热，秋天凉爽，冬天阴冷，全年雨量适中，季节分配比较均匀。总的说来就是温和湿润，四季分明。（摘自网络：上海气象局）

项目内植物配置

乔木层：香樟、朴树、水杉、银杏、樱花、鸡爪槭、四季桂、金桂、杨梅、石榴、黑松、罗汉松、碧桃、垂丝海棠、金桂、垂柳、鸡爪槭、玉兰、枫香、乌桕、广玉兰、柑橘、紫薇、紫玉兰、红枫、芭蕉、合欢、红果冬青、金镶玉竹、榉树、香柚、元宝枫等

灌木层：海桐、春鹃、绣线菊、小叶黄杨、连翘、迎春、苏铁、山茶等

地被及草坪层：金边瑞香、常夏石竹、天竺葵、麦冬、银边草等

水生植物：碗莲、再力花、芦苇、香蒲、荷花等

景观设计分区定位

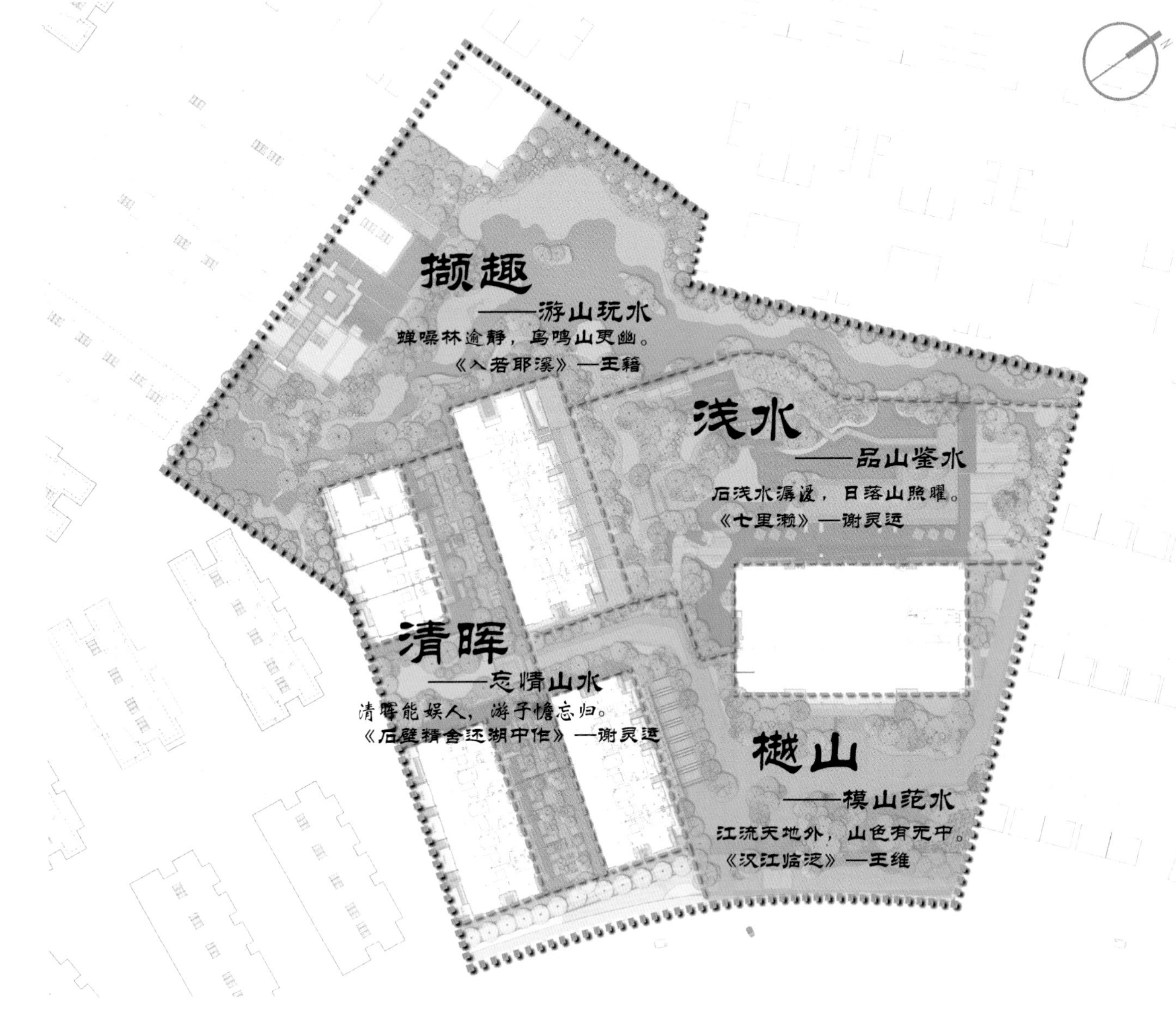

樾山——模山范水

艮岳列嶂如屏，宛如天然画布，奇石雄拔峭逸，巧夺天工，用古典园林传统结合现代造景手法，营造会所前空间的雅致与尊贵。

浅水——品山鉴水

作为会所的室外拓展空间，充分考虑两者功能衔接的紧密性及其下沉花园的高差特点，我们将该区域定义为园林中较为安静的品鉴空间，瀑布坠入清池，取西面阳光照射水面，水声潺潺的意境。

撷趣——游山玩水

会所后花园围绕水木明瑟的湖面展开，或曲折幽深，或开阔明媚，石壁登道，上下沟通，多自然之趣。突出园林游赏的功能。

清晖——忘情山水

宅间院落已经愈来愈接近人们的起居空间，旨在延续山水娱人心境的园林心理感受，受建筑空间限制较多，宜精巧，以点取胜。

本项目结合场地得天独厚的地域资源，融合传统中式南北造园的手法，将中式园林的诗情画意以“无处不可画，无景不入诗”的山水画卷形式淋漓尽致地展现出来，设计的愿景是将佘山玺樾打造成江南温婉山水之间的一座皇家离宫御苑。

景观风格为南北交融的新中式主义，融入皇家园林的气势，突出江南的生活情趣。景观布局上既有北方园林的对称严谨，又有南方园林的灵活紧凑；尺度上既有北方园林的大气恢弘，又有南方园林的小巧精致；色调则兼具北方园林的鲜艳亮丽和南方园林的清新淡雅。

全区景观设计从“山、玺、樾”出发，围绕“翠山环抱，碧水为玺，道樾似锦”的概念推演开来，分别将外围带状公园，社区中心水系，社区主环道进行定位，重新勾勒景观的组织形态，通过对场地关系的充分利用，结合建筑功能，巧妙地对水体、植物、构件进行配置，融入差异化设计，形成立意丰富，和谐统一、具有大家风范的新中式园林设计。

局部景观具体可分为四个区域，包括会所前花园——“樾山”，中央下沉花园——“浅水”，会所后花园——“撷趣”，宅间花园——“清晖”。“樾山”，通过现代设计手法，以“模山范水”为特点，将山石意境作为形象主景，提升立面视觉效果，营造出中式景观的内在意境与文化内涵；“浅水”，以“品山鉴水”为主题，充分结合场地地势，通过错层的花园设计，打造出立体化景观，并通过跌水飞瀑，镜水楼阁，寄托“宁静致远”的美学追求；“撷趣”，以“游山玩水”为主旨，会所后花园围绕水木明瑟的湖面展开，或曲折幽深，或开阔明媚，石壁登道，上下沟通，多自然之趣，突出园林的游赏功能。“清晖”，取“忘情山水”之意，以宅间院落作为人们的起居空间，在宅间受限制的空间里延续山水娱人心境的心理感受，以精巧，点化的景观取胜。

植物名称：碗莲

莲花的一种，多年生水生草本花卉，花形美丽，花色丰富，常见的花色有粉色、白色、黄色等。是庭院水景的常用景观植物。

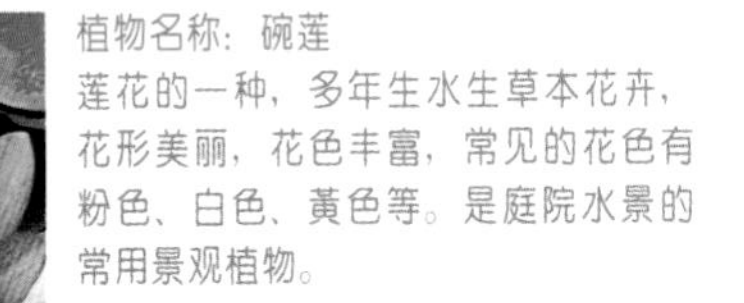

植物名称：鸡爪槭

落叶小乔木，枝叶婆娑，春叶嫩绿清新，秋叶鲜红灿烂，是优良的景观树种。

香樟＋樱花＋鸡爪槭＋金桂＋石榴＋黑松－连翘＋苏铁－春鹃－碗莲

作为中式景观，入口景观处设置了叠水假山，植物选择上以树开疏朗，姿态婆娑的树种为主，点缀姿态优美的造型树，以表现光影在水与石中的变化，同时四时之景皆有不同，春有樱花、连翘、迎春与春鹃，夏有石榴和碗莲，秋有金桂飘香、鸡爪槭秋叶鲜红，冬则观香樟、黑松常青之色以及落叶乔木的枝干，这山、石、水、花，好一幅山水画卷。

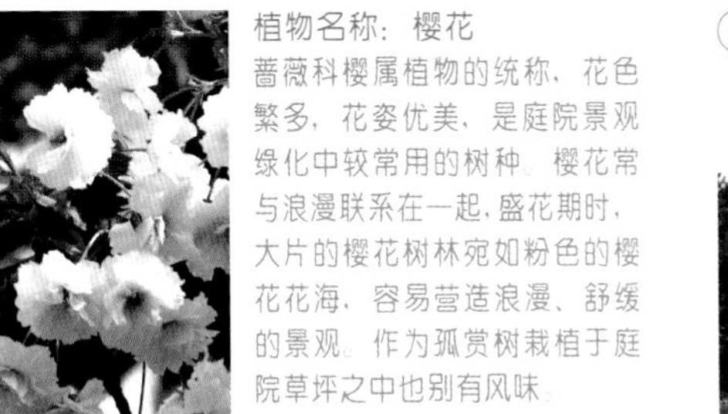

③ 植物名称：樱花

蔷薇科樱属植物的统称，花色繁多，花姿优美，是庭院景观绿化中较常用的树种。樱花常与浪漫联系在一起，盛花期时，大片的樱花树林宛如粉色的樱花花海，容易营造浪漫、舒缓的景观。作为孤赏树栽植于庭院草坪之中也别有风味。

④ 植物名称：黑松

常绿乔木，树冠如伞盖，四季常青，人工栽培可造型，与假山置石搭配，用于道路及工厂绿化效果好。

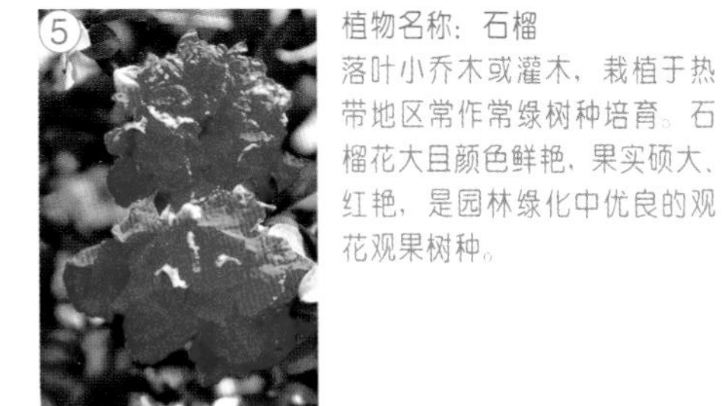

⑤ 植物名称：石榴

落叶小乔木或灌木，栽植于热带地区常作常绿树种培育。石榴花大且颜色鲜艳，果实硕大、红艳，是园林绿化中优良的观花观果树种。

⑥ 植物名称：金桂

终年常绿，是行道树的好的选择。秋季开花，花色金黄，花香浓郁，可营造观花闻香的景观意境，常被用作园景树，可孤植、对植、丛植于庭院和景区。

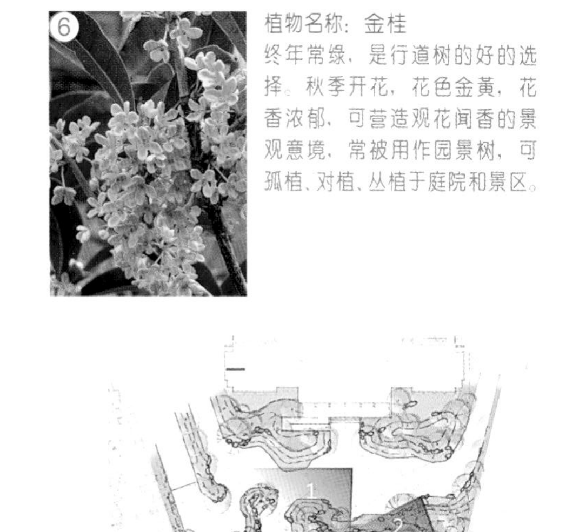

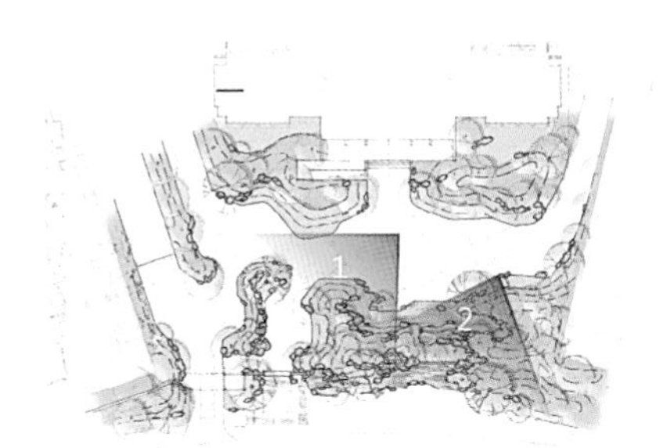

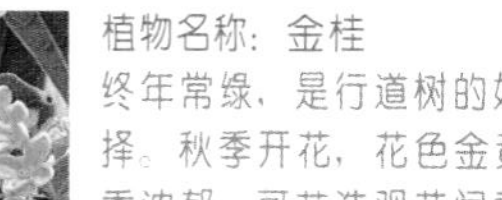

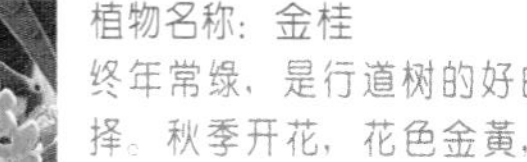

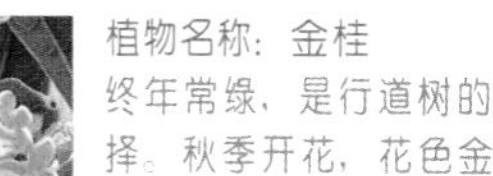

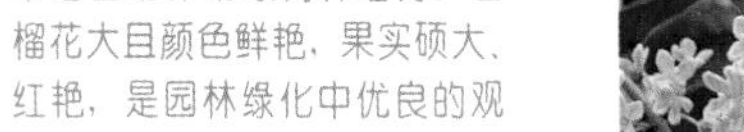

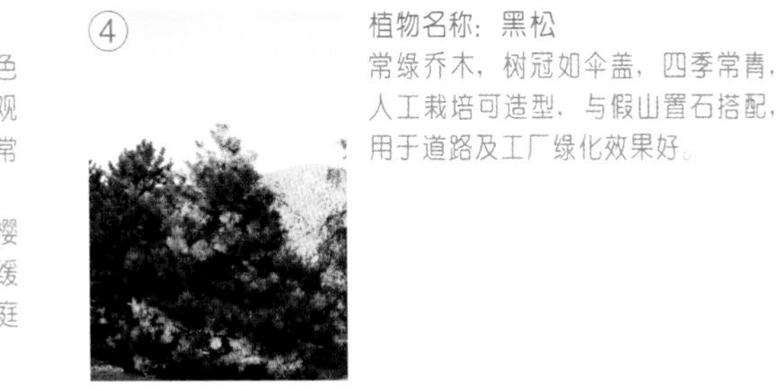

效果图 01

泰禾现场实景照片

效果图 02

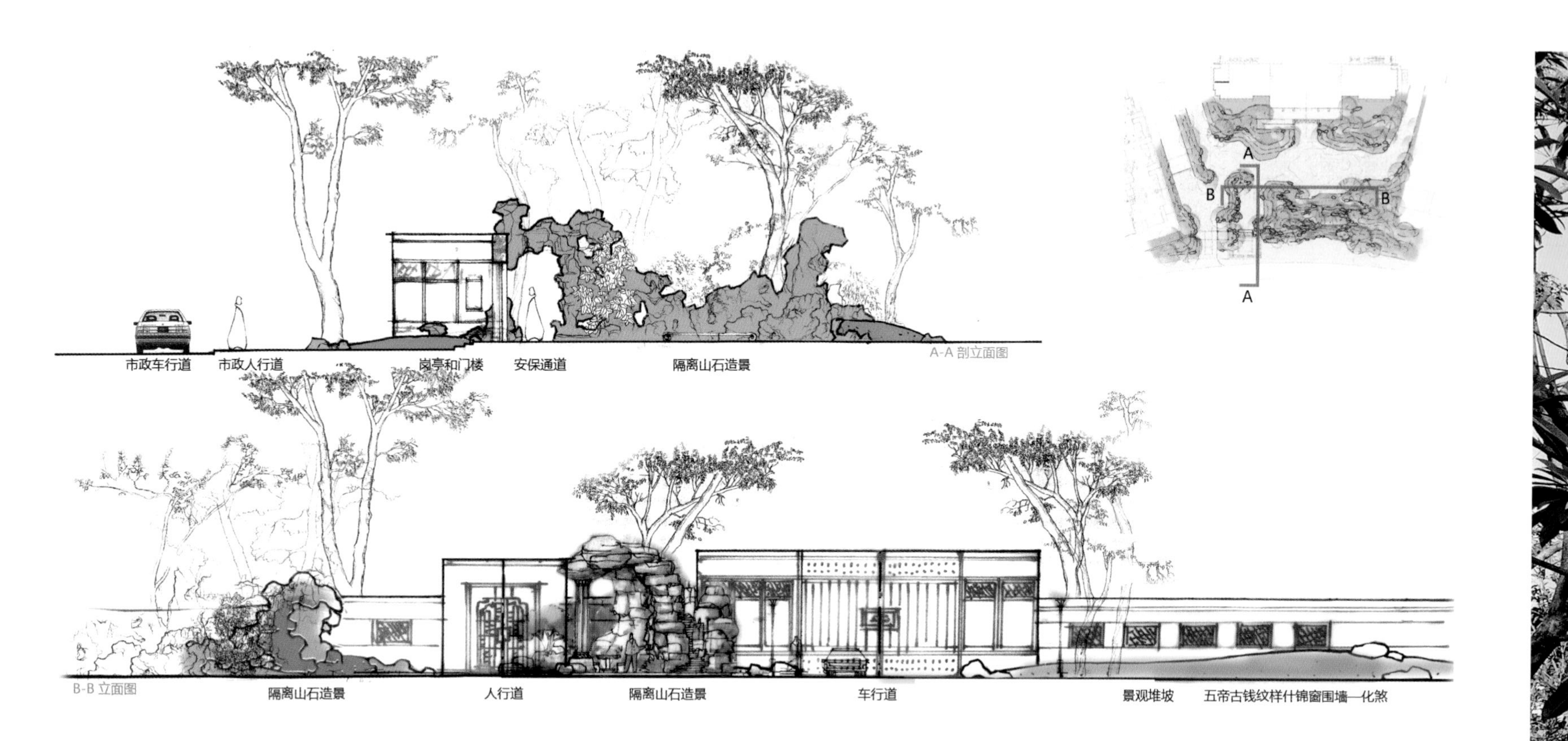

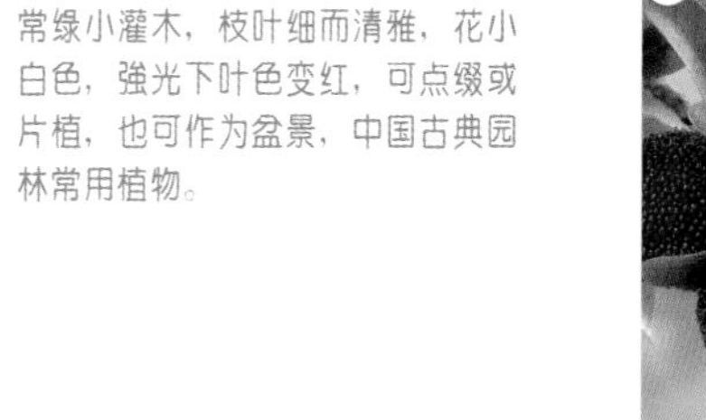

植物名称：南天竹
常绿小灌木，枝叶细而清雅，花小白色，强光下叶色变红，可点缀或片植，也可作为盆景，中国古典园林常用植物。

植物名称：杨梅
小乔木或灌木，树冠饱满，枝叶繁茂，夏季满树红果，甚为可爱，可作点景或用作庭荫树，更是良好的经济型景观树种。

植物名称：春鹃
常绿灌木，属于杜鹃的一种，春季开花，花色美丽，较耐阴，可栽植于林下，营造乔灌草多层次景观。

植物名称：小叶黄杨
黄杨科常绿灌木或小乔木，生长缓慢，树姿优美，叶对生，革质，椭圆或倒卵形，表面亮绿，背面黄绿。花黄绿色，簇生叶腋或枝端，花期 4 ~ 5 月，尤适修剪造型。

植物名称：绣线菊
花开于少花的夏季，白色可爱，花期较长，是良好的庭院观赏植物。

植物名称：银边草
多丛植或者栽植于山石旁起到点缀作用。

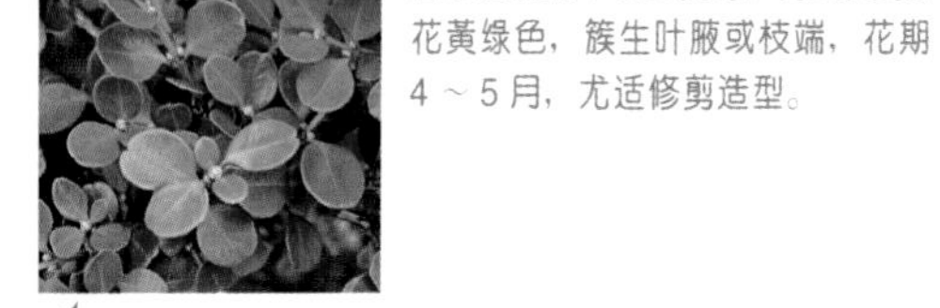

3
4
5
6

植物名称：迎春花

花如其名，每当春季来临，迎春花即从寒冬中苏醒，花先于叶开放，花色金黄，垂枝柔软。花色秀丽，枝条柔软，适宜栽植于城市道路两旁，也可配置于湖边、溪畔、草坪和林缘等地。

植物名称：桂花

常绿小乔木，又可分为金桂、银桂、月桂、丹桂等品种。桂花是极佳的庭院绿化树种和行道树种，秋季桂花开放，花香浓郁。

植物名称：再力花

多年生挺水草本植物，植株高大美观，叶色翠绿，蓝紫色花别致、优雅，是重要的水景花卉。常栽植于水边、湖畔和湿地。

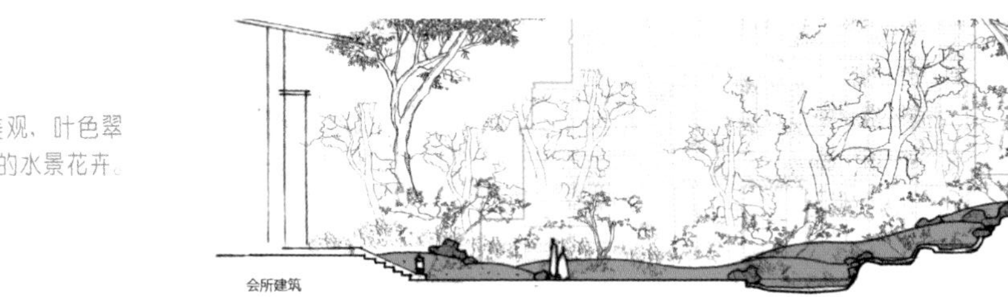

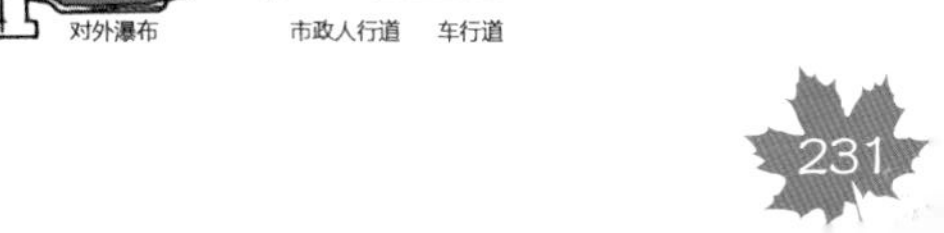

②
①

①

植物名称：海桐
叶态光滑浓绿，四季常青，可修剪为绿篱或球形灌木用于多种园林造景，而良好的抗性又使之成为防火防风林中的重要树种。

②

植物名称：香樟
常绿大乔木，树形高大，枝繁叶茂，冠大荫浓，是优良的行道树和庭院树。香樟树可栽植于道路两旁，也可以孤植于草坪中间作孤赏树。

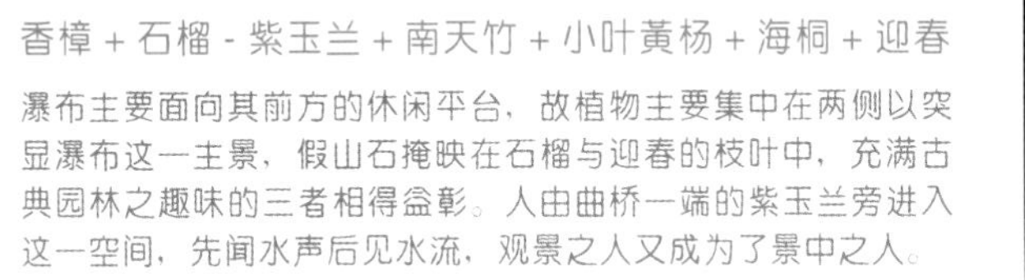

香樟＋石榴－紫玉兰＋南天竹＋小叶黄杨＋海桐＋迎春

瀑布主要面向其前方的休闲平台，故植物主要集中在两侧以突显瀑布这一主景，假山石掩映在石榴与迎春的枝叶中，充满古典园林之趣味的三者相得益彰。人由曲桥一端的紫玉兰旁进入这一空间，先闻水声后见水流，观景之人又成为了景中之人。

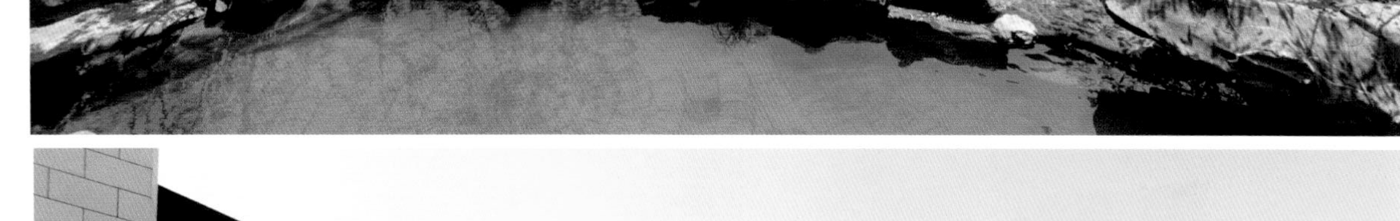

朴树＋水杉＋四季桂－红枫－春鹃

此处水面中大块的湖石由近而远的布置，将视线引向端头的一组形态优美的植物群落，树形饱满的朴树成为视线焦点，下层配以四季红叶的红枫增加群落色彩，更远一层则是竖向感强的水杉为背景，在形态上与前景区分开来，以形成空间的进深感。

植物名称：水杉
落叶乔木，树形高大笔直，秋叶变红，最宜列植于园路两旁，也可丛植或片植，也常用做园林背景树种。

植物名称：朴树
落叶乔木，树荫浓郁，可用作庭荫树、行道树，对多种有毒气体抗性较强，故工厂绿化中也常见。

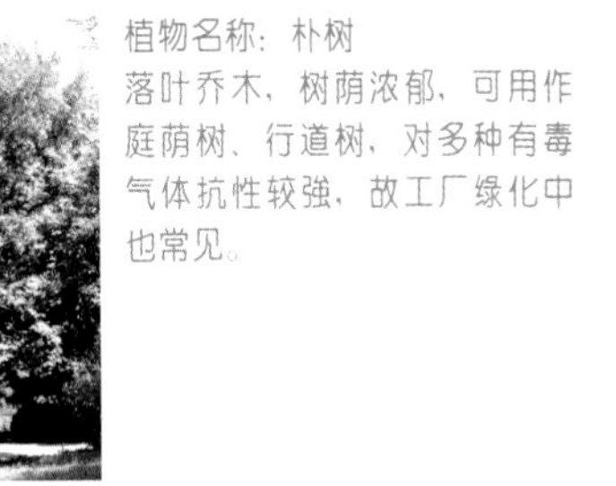

植物名称：麦冬
百合科多年生草本，成丛生长，花茎自叶丛中生出，花小，浅紫或青兰色，总状花序，花期7～8月。

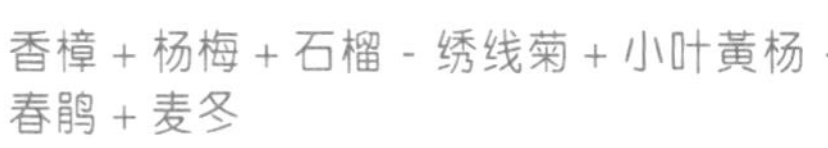

香樟＋杨梅＋石榴－绣线菊＋小叶黄杨－春鹃＋麦冬

此处地形抬高，景亭成为视线焦点，同时也是观景点，两面由植物围合，一面让人拾级而上，一面则观景。高大的香樟在一侧与景亭形成不错的构图，红果的杨梅和石榴则在中层丰富人视点的景观，台阶处绣线菊花枝轻垂，古朴的湖石又与麦冬结合，大有古典园林之意境。

植物名称：红枫
落叶小乔木，是有名的观叶景观树木。红枫树形优雅，叶色美艳，常年红色，栽植于草坪或山石墙边，景观效果佳。

植物名称：苏铁
多栽植于庭前或草坪内，四季常青。

植物名称：银杏
树形优美，树干高大挺拔，叶形奇特美丽，叶色秋季变为金黄色，是优良的行道树和庭院树种。

植物名称：常夏石竹
常绿草本植物，花色艳丽，花期长，多用于花坛或庭院绿地及花境中。

银杏＋石榴＋樱花＋金桂－红枫＋苏铁－春鹃＋金边瑞香＋常夏石竹＋天竺葵

建筑周边以叠石营造的地形取代了传统草坡地形进行空间围合，并在石缝间配以各种植物，别有一番意境。建筑阳角与道路转折处点缀了姿态古朴的观花观果小乔木石榴，软化建筑的同时也提示了空间的转折，前景中的天竺葵花色丰富，平添了大院的富贵之感，远景的围墙前由高的银杏、饱满的金桂和建筑一起组成起伏的天际线，下层的红枫丰富了景墙立面，整个通行空间可谓步移景异。

植物名称：金边瑞香
常绿灌木，中国传统名花，叶缘金黄，花色紫红，香气浓郁。

植物名称：山茶
常绿乔木或灌木，中国传统的十大名花之一，品种丰富，花期2～4月，花大艳丽。树冠多姿，叶色翠绿。耐荫，配置于疏林边缘，效果极佳，亦可散植于庭院一角，格外雅致。

植物名称：天竺葵
花色繁多，西方常用于阳台装饰。

1
2
3
4
5
6
7

重庆星耀天地碧会所示范区

设计单位：深圳市何小强景观设计有限公司
项目地点：重庆
项目面积：13,000 平方米

重庆位于北半球副热带内陆地区，春早气温不稳定，夏长酷热多伏旱，秋凉绵绵阴雨天，冬暖少雪云雾多。年平均气温为 18℃，年降雨量为 1000 ～ 1100mm，雨季集中在夏秋，尤以夜雨为多。秋末至春初多雾，年均雾日在 68d 左右。月均日照在 230 个小时左右，土地类型多样，分为黄壤、黄棕壤等。（摘自重庆工商大学学报，重庆市住宅区的植物配置研究，幸宏伟）

项目内植物配置

乔木层：皂荚、紫叶李、山杏、日本晚樱、水杉、蓝花楹、五角枫、杨梅、旅人蕉、二乔玉兰、山杏、皂荚、天竺桂、花石榴、朴树、紫薇、刚竹等

灌木层：紫玉兰、红枫、海桐、春鹃、绣线菊、小叶黄杨、连翘、迎春、苏铁、紫叶李等

地被及草坪层：金边瑞香、常夏石竹、天竺葵、洋凤仙、麦冬、二月兰、波斯菊、银边芦苇、鸢尾、细叶芒、滨海羊茅、蜘蛛兰、毛杜鹃、薰衣草等

水生植物：碗莲、再力花、香蒲、荷花等

会所所处位置的景观资源丰富，拥有几乎全视角的江景视线

在城市化进程不断加速的今天，人们的生活节奏越来越快，江景，俨然成为舒缓人们紧张情绪、调节枯燥城市生活的一道风景线。长江与嘉陵江环绕的山城重庆，又有"雾都"、"桥都"的别称，是一个充满了人文乐趣的地方。然而在重庆这些年的发展过程中，却始终缺少一处真正拥有一线江景、大好视野的示范体验区，让山城人可以在夕阳西下的时候，叹着清茶，静享波光粼粼的江面，倾听缓缓流逝的江水，感受习习扑面的微风，体会远离都市喧嚣的静谧与内心的宁静，感受生命的温暖。这就是接到重庆星耀天地会所示范区的设计任务时我的想法。

重庆真的就与细腻和温情无关？

我专门研究了项目的地理位置与优势：项目用地位于重庆江北嘴 CBD 的朝天门大桥旁边，位置优越。除了坐享 30 多公里长的江岸线景观外，还拥有朝天门大桥和大佛寺大桥的双桥景致，可谓佳景天成。面对如此美景，应该创造怎样的空间才能与之相融相配呢？

正当我苦苦思索解决方案时，来自巴瓦的一丝微光悄悄投射进了我的脑海，我似乎找到了答案。

设计理念

1."此时此地"

我坚信，我们在这个项目中体现的理念应该是斯里兰卡设计大师杰弗里·巴瓦倡导，也是建筑师刘家琨曾经谈到的"此时此地"。

怎么理解这个词呢？我想，"此时"代表着对时代的回应，"此地"代表着对地区特征的回应，包括对地区自然环境特征、与地区相适宜的材料、技术、建造方式的回应。杰弗里·巴瓦最大的贡献在于他通过他的作品和行为，将斯里兰卡的传统文化与现代社会甚至未来联系在一起，从而成为唯一的、不可替代的经典。

在重庆，江景常见，但美丽的一线江景稀缺，如何在本项目中以一种现代的方式呈现传统视线里的江景？怎样处理自然环境与人文的关系？这不仅仅是一个设计问题，而是一个价值观的问题了。作为"山城"的重庆、"桥都"的重庆、"雾都"的重庆，已经在多个艺术作品中呈现过。我们在本项目中，应该如何结合业主的需求，更好地发挥重庆的地方特色，而不是生硬地破坏整体环境呢？通过调研，我们最终决定借鉴重庆吊脚楼的建造原理，将会所抬高到离市政路 30 米的地方，让江景与会所水景通过不同的空间维度联系起来，实现会所空间和重庆地区特征的融合。

2. 自然至上，天人合一

会所景观设计方面最大的特色就是借用自然、融入自然。

作为临时售楼处的会所是整个示范区的核心。设计中，我们借用重庆的山城特色，使会所伫立在 30 米高的人工临崖上而不突兀，并凭借 30 米高的独立电梯接送客人；同时借用西南地区随处可见的竹林、叠水等自然元素保证了会所的私密性和品质感。

为尽享一线江景，我们引进巴瓦元素中经常出现、而今流行国际酒店业的无边界水池'（infinite pool），利用视觉错位，再借用项目旁边的江面和双桥景致，营造出江水共生、水天一色的奇幻景象；位于东侧水池中的下沉发呆亭创设出一个安静思考或者友人小聚的空间，周围的水面与座椅顶端平行，触手可及，夜幕降临时犹如繁星的点点灯光让人产生幕天席地的错觉…这一切组合成一幅颇具禅境、天人合一、意韵悠长的画卷，惊艳于人的眼前。西面的悬空吧将 270 度江景一览无遗，是小型 party 的理想场所，在喧嚣的都市中打造出一个诗意的栖居地，给疲惫的都市人提供了一个放松心情的休憩之所。

所有的设计酣畅淋漓，一气呵成，巧妙地将景观、功能和休闲和谐地结合在一起，给重庆人一个前所未有的体验。因此，会所一开放就轰动全城，成为重庆的新地标。

正所谓"一线江景，温柔了一座城"。

①民国牌坊
②木栈道
③观景平台
④样板房负二层观景平台
⑤示范区入口景观
⑥样板房负二层办公楼休息区
⑦样板房一层办公楼小花园
⑧办公楼入口景观
⑨景观木平台
⑩公园休闲平台
⑪会所入口大树广场
⑫会所入口庭院
⑬会所廊架休息等候区
⑭商业广场观光电梯
⑮会所风情休闲区
⑯会所滨水休闲区
⑰会所江景休闲区
⑱会所内院
⑲会所景观庭院
⑳会所户外酒吧
㉑会所江景眺望台
㉒商业风情街

GALAXY 星耀天地

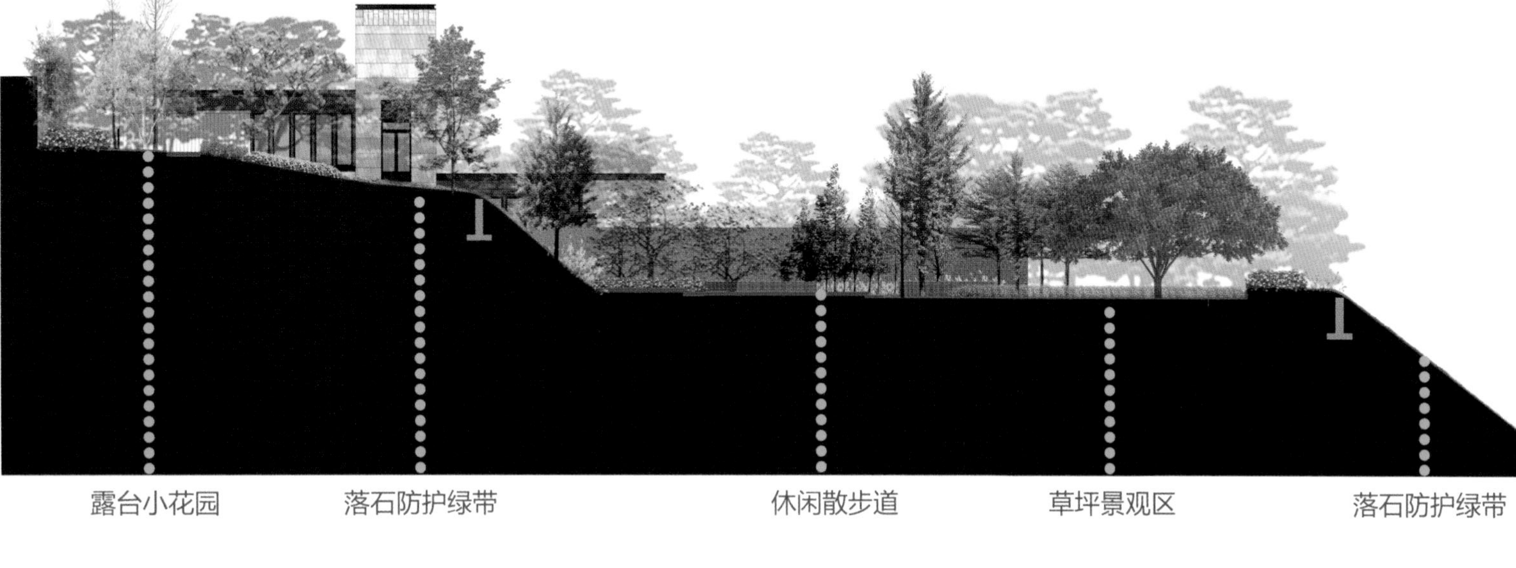

样板房与会所之间的临时公园为人们提供一处休闲空间，对应会所前的无边界水池的是“无边界草坪”

注：①无边界水池：又名无边界水景、负岸、零岸、不可见岸或消失之岸水池，是指一种游泳池或者倒影池，它们可以创造出一种水面延伸到地平线，消失不见或者延伸到“无限”的视觉效果。无边际水池的设计概念据称起源于印尼巴厘岛，那里无所不在的水稻梯田造成的视觉上的戏剧性效果直接启发了无限水池的设计灵感。

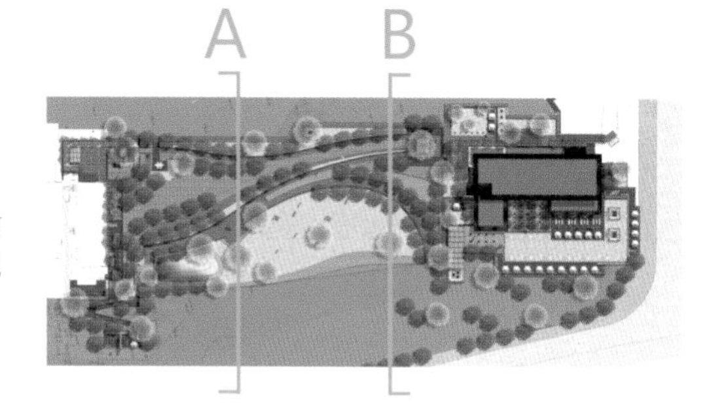

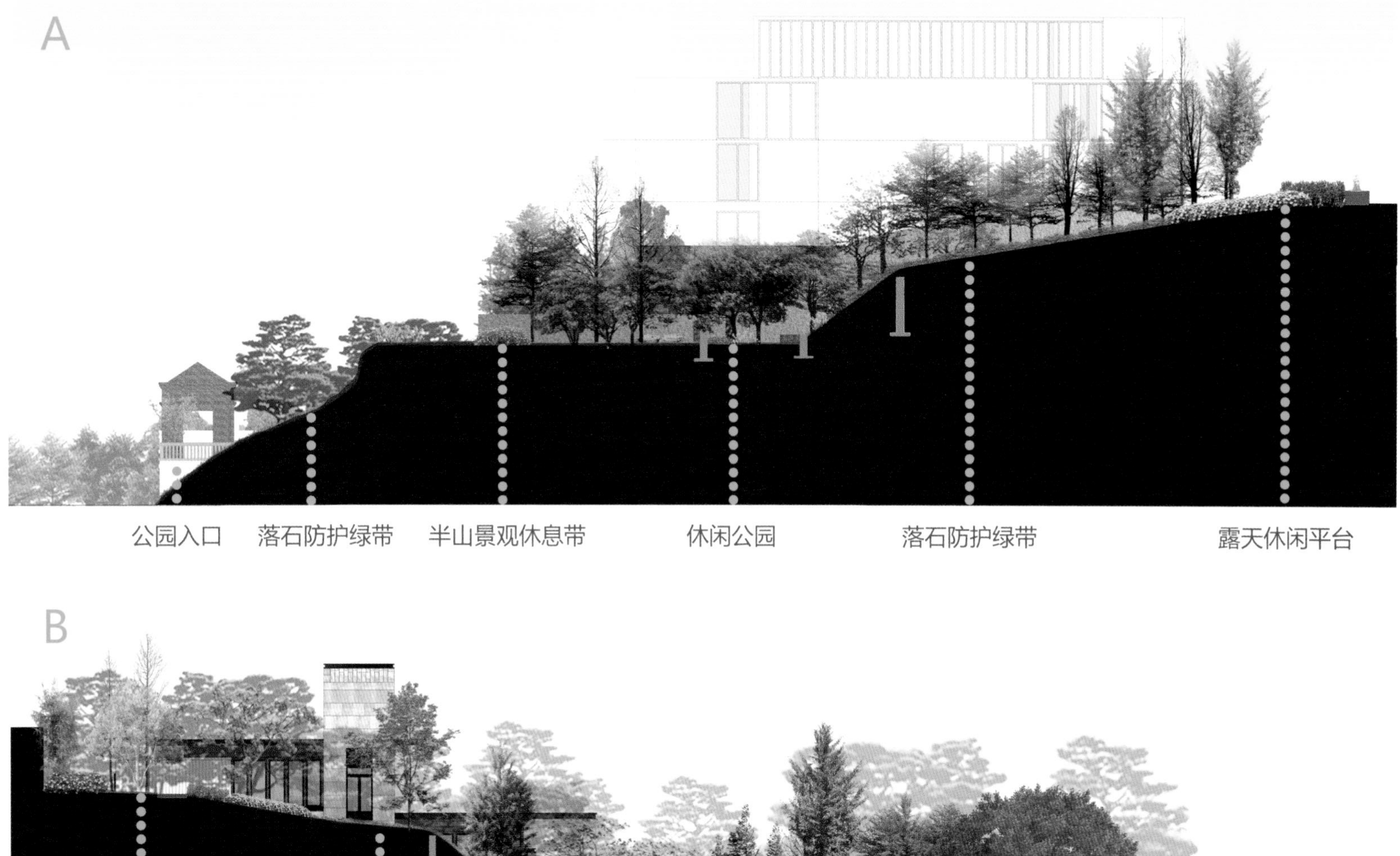

2
3
4
1

植物名称：金鱼草

多年生草本植物，花冠形状奇特，外形酷似金鱼，故有金鱼草之名。花色鲜艳，花形奇特美丽，是良好的观赏花卉。可群植于花园花境、花坛内，也可与其他草本花卉，如一串红、牵牛花等搭配栽植，景观效果更佳。

植物名称：山杏

落叶灌木或小乔木，喜光，耐寒且耐干旱，经济价值较高，也可用于园林或绿化建设中。

植物名称：红叶李

又名紫叶李，落叶小乔木，树皮紫灰色，小枝淡红褐色，三月红叶李嫩叶鲜红，逐渐生长叶子变成紫色，花叶同放，花期3～4月，是优秀的观花、观叶的优良树种。

植物名称：皂荚

落叶乔木，树干粗壮，可栽植于庭前屋后，有一定园林绿化价值，经济效益更为重要。

皂荚＋紫叶李＋山杏－金鱼草＋薰衣草－混播草

此处草坪拥有极好的观景视野，草坪外缘以列植的山杏及紫叶李围合空间，让走到此处的人感受到别有洞天的感觉，草坪上仅在一角丛植了几株高大的皂荚衬托建筑与雕塑，大量的留白除了保证良好的视线外，也给这个空间增加了可扩展的功能，如草坪聚会等。

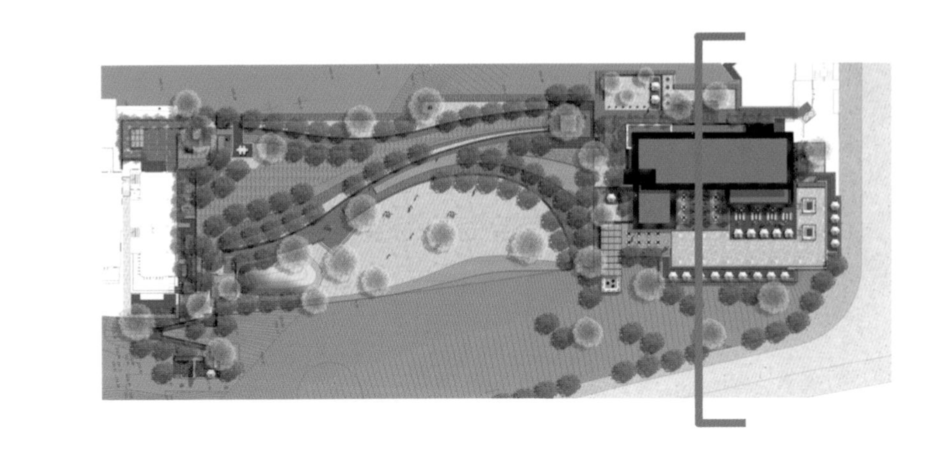

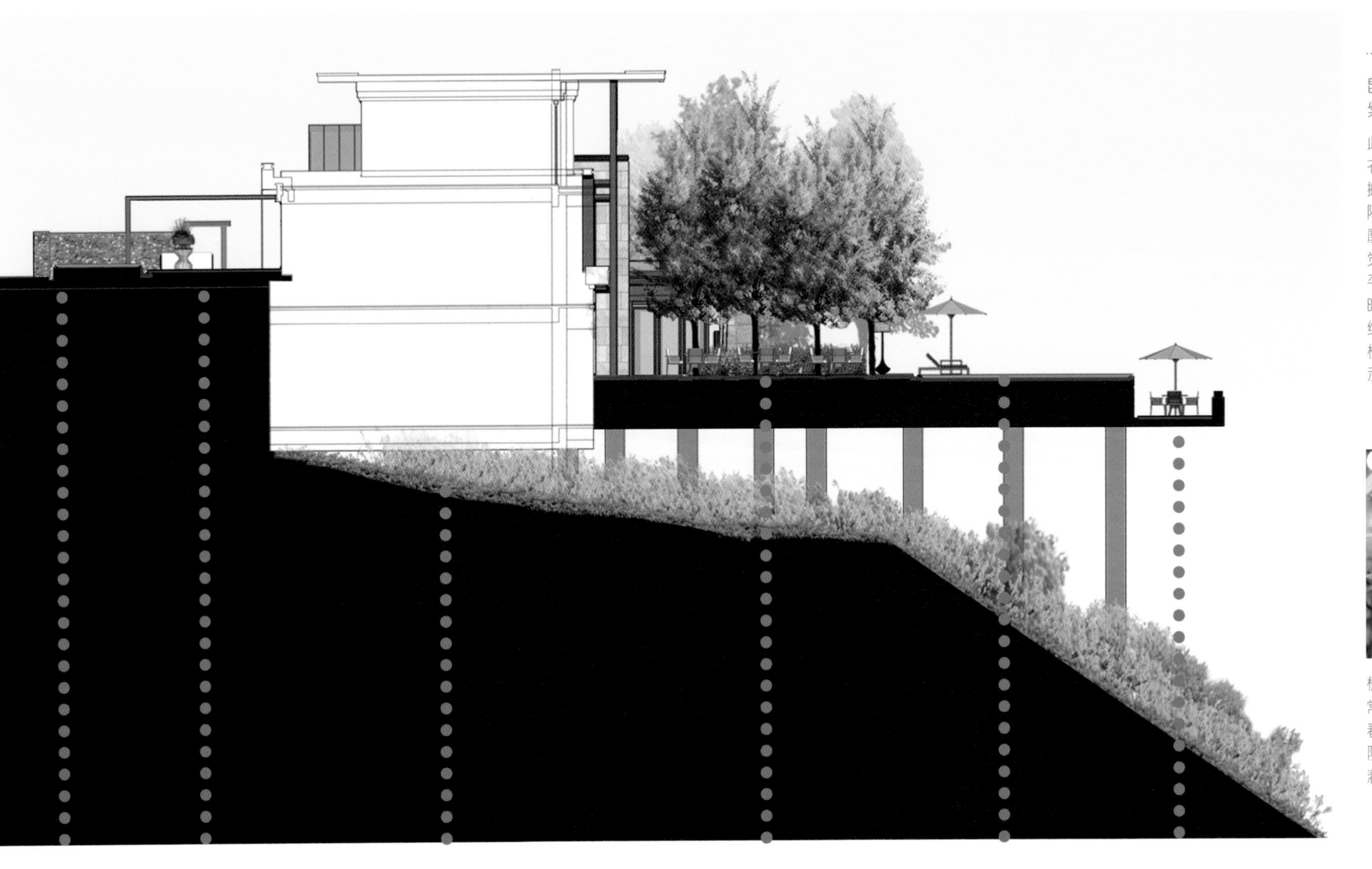

皂荚＋水杉＋蓝花楹－紫荆－薰衣草＋春鹃

此处坡体较大，大片的薰衣草带来了视觉上的震撼，山坡顶端的水杉如屏障一般勾勒了空间的轮廓，也使得此空间极具视觉张力，而高大的皂荚则平衡了空间的构成感，同时突破了原来平淡的天际线，前方夹道而植的蓝花楹则是空间上的收束，暗示前方空间的转换。

植物名称：春鹃
常绿灌木，属于杜鹃的一种，春季开花，花色美丽，较耐阴，可栽植于林下，营造乔灌草多层次景观。

植物名称：紫荆
落叶小乔木或灌木，具有耐寒性，耐修剪能力较强，花先于叶开放，簇生于枝干上，花期一般在春季，花色鲜艳，盛花期时，有一种花团锦簇，枝叶扶疏的景象。紫荆可列植于操场等地，也可孤植于庭院中，更有家庭美满的寓意。

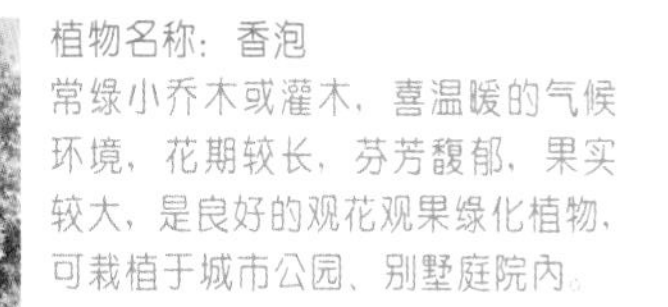
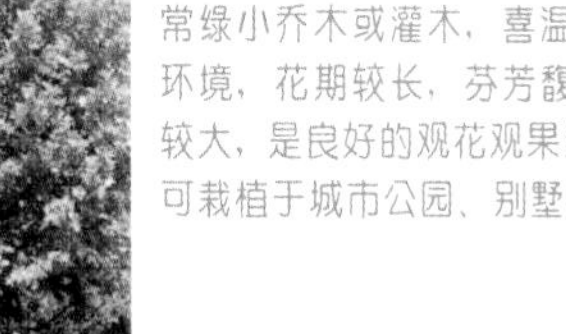
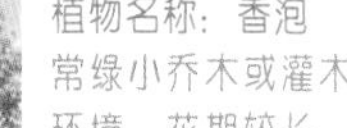

植物名称：香泡
常绿小乔木或灌木，喜温暖的气候环境，花期较长，芬芳馥郁，果实较大，是良好的观花观果绿化植物，可栽植于城市公园、别墅庭院内。

植物名称：水杉
落叶乔木，树形高大笔直，秋叶变红，最宜列植于园路两旁，也可丛植或片植，也常用做园林背景树种。

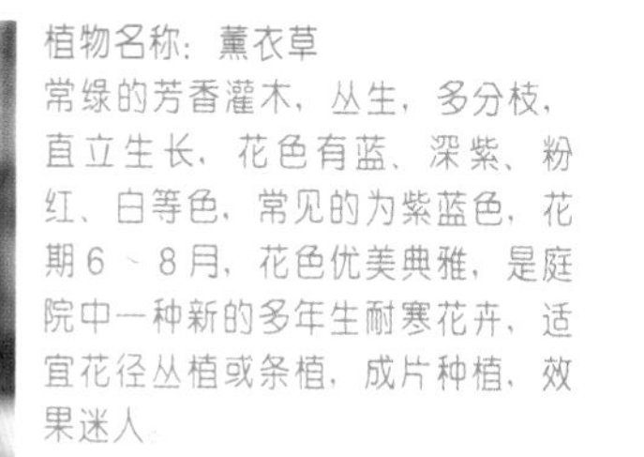

植物名称：薰衣草
常绿的芳香灌木，丛生，多分枝，直立生长，花色有蓝、深紫、粉红、白等色，常见的为紫蓝色，花期6～8月，花色优美典雅，是庭院中一种新的多年生耐寒花卉，适宜花径丛植或条植，成片种植，效果迷人。

水杉 - 混播草

园路两侧高耸的水杉纯粹而壮观，原本单调乏味的园路在这森林般的水杉的映衬下变得具有独特的魅力，走在这样的路上，极易让人放空身心，仿佛森林氧吧一样让人可以自由的呼吸，植物配置不仅因丰富而美丽，同样可以因纯粹而让人流连忘返。

白玉兰 - 鹤望兰

2
3
5
4
6
8
7
1

植物名称：混播草
重庆地区常用混播草为早熟禾 + 高羊茅 + 多年生黑麦草，按比例混播

植物名称：小叶紫薇
落叶小乔木，又称为痒痒树，树干光滑，用手抚摸树干，植株会有微微抖动，红花紫薇的花期是5～8月，花期较长，观赏价值高。

植物名称：五角枫
落叶乔木，嫩叶红色，秋叶橙红，是良好的色叶树咱，可作为庭荫树、行道树等。

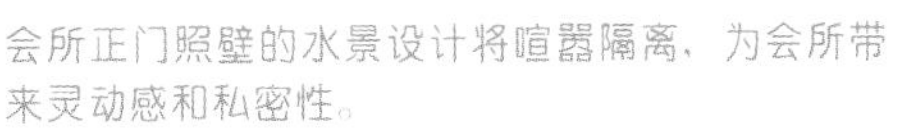

植物名称：红枫
其整体形态优美动人，枝叶层次分明飘逸，广泛用作观赏树种，可孤植、散植或配植，别具风韵。

植物名称：旅人蕉
常绿草本植物，叶片硕大，状似芭蕉，株形高大而秀丽，常栽植于景墙边和山石后，与棕榈科植物搭配栽植，景观效果更佳。

植物名称：含笑
香味较浓烈，适宜栽植于大空间，可丛植于花园、公园，也可配植于草坪和坡地。有小乔木状态，但多为灌木形式。

植物名称：鸢尾
鸢尾观赏价值较高，叶片剑形，形态美丽，花型大且美丽，较耐阴，可栽植于林下和墙角边，景观效果好。

植物名称：鹤望兰
多年生常绿草本植物，又被称为天堂鸟，叶片长圆披针形，株形姿态优美而高雅，花形奇特，状似仙鹤昂首而命名。栽植于庭院内和山石旁颇有韵味。

皂荚 + 日本晚樱 + 五角枫 + 旅人蕉 - 小叶紫薇 + 红枫 + 含笑 - 鹤望兰 + 鸢尾 - 混播草

此处为通向建筑的通行空间，建筑入口处空间较小，所以在园路两侧设定为较开敞的空间，以避免造成始终的压迫感，建筑入口廊架用造型优美的紫薇与五角枫适当遮挡，可以软化此处空间中的局促感，干净的草坪与简洁的景墙相呼应，同时建筑二层也拥有良好的视线。

会所正门照壁的水景设计将喧嚣隔离，为会所带来灵动感和私密性。

植物名称：变叶木
灌木或小乔木，叶色奇特，各品种间色彩及叶形差异大，通常用于营造热带景观效果。

植物名称：常夏石竹
常绿草本植物，花色艳丽，花期长，多用于花坛或庭院绿地及花境中。

植物名称：杨梅
小乔木或灌木，树冠饱满，枝叶繁茂，夏季满树红果，甚为可爱，可做点景或用作庭荫树，更是良好的经济型景观树种。

④ 植物名称：海桐
叶态光滑浓绿，四季常青，可修剪为绿篱或球形灌木用于多种园林造景，而良好的抗性又使之成为防火防风林中的重要树种。

日本晚樱 + 杨梅 + 水杉 - 海桐 - 常夏石竹

此处铺装形式有趣，形式的变化暗示了空间功能的差异性，故人可以此稍作休息，休闲坐凳背后是树形舒展的杨梅和花多繁茂的常夏石竹，植物营造上较为亲切，尽头高大的水杉林规避了外围较为嘈杂的环境，以形成园内的一片世外天地。

竹林阵出口，营造出优雅的纵深感和私密性。

①植物名称：刚竹
竹秆挺拔秀丽，枝叶翠绿，常配植于建筑物前后做基础种植，也可栽植于山坡、假山处用作点缀和烘托意境。

②植物名称：三角梅
常绿攀援灌木，又被称为九重葛或毛宝巾。由于其花苞叶片大，色泽艳丽，常用于庭院绿化。

③植物名称：白玉兰
木兰科落叶乔木，叶互生，花先叶开放，直立，芳香，碧白色 北方早春重要的观花树木，是庭园中名贵的观赏树。

皂荚 + 白玉兰 + 旅人蕉 + 刚竹 - 三角梅 + 鹤望兰

建筑出入口两侧由列植的白玉兰带来迎宾感，主景皂荚树形高大饱满，与建筑相呼应，廊架背后由姿态优美的旅人蕉作背景，一定程度上避开了后方山体带来的压迫感，宽阔的镜面水丰富了此空间的光影变化，建筑的线条与植物的倩影在这里投射出了另一个美丽的世界。

和以往示范区景观不同的是，这次会所示范区突出了室外软装设计的概念。以舒服的座椅、软塌以及精巧的装饰马灯，还有漂在水面上的飘灯烘托出室外氛围，把热辣辣的重庆室外空间变得清爽诱人。

1
2
3

图书在版编目（C I P）数据

景观植物配置与应用．中部篇 / 深圳市海阅通文化传播有限公司编著．
-- 北京 : 中国林业出版社，2016.1
ISBN 978-7-5038-8046-9

Ⅰ．①景… Ⅱ．①深… Ⅲ．①园林植物－景观设计
Ⅳ．① TU986.2

中国版本图书馆 CIP 数据核字（2015）第 143614 号

中国林业出版社・建筑分社
责任编辑：纪 亮　王思源

出版：中国林业出版社（100009 北京西城区德内大街刘海胡同 7 号）
网站：http://lycb.forestry.gov.cn
印刷：北京利丰雅高长城印刷有限公司
发行：中国林业出版社
电话：（010）8314 3518
版次：2016 年 1 月第 1 版
印次：2016 年 1 月第 1 次
开本：1/16
印张：16
字数：150 千字
定价：260.00 元（全套定价：780.00 元）